金牌爽口

下饭菜

白绍平◎编著

河北出版传媒集团
河北科学技术出版社

图书在版编目（CIP）数据

金牌爽口下饭菜 / 白绍平编著 . -- 石家庄 ：河北科学技术出版社，2015.11
ISBN 978-7-5375-8138-7

Ⅰ．①金… Ⅱ．①白… Ⅲ．①菜谱 Ⅳ．① TS972.12

中国版本图书馆CIP数据核字(2015)第300687号

金牌爽口下饭菜

白绍平　编著

出版发行　河北出版传媒集团　河北科学技术出版社
地　　址　石家庄市友谊北大街 330 号（邮编：050061）
印　　刷　三河市明华印务有限公司
经　　销　新华书店
开　　本　710 × 1000　1/16
印　　张　10
字　　数　150 千字
版　　次　2016 年 1 月第 1 版
　　　　　2016 年 1 月第 1 次印刷
定　　价　32.80 元

前言

随着时代的进步，人们对生活品质的要求越来越高，吃、穿、住、行概莫能外。日常饮食与人体的健康状况息息相关，人们已开始重视食品种类和营养的搭配。如今，食品安全问题也受到普遍关注，为了饮食健康，许多人更青睐以自己烹饪的方式来表达对家人的关爱。自己烹制美食，不仅可以维护健康，也能提升家人之间的融合度，提高家庭生活的幸福和美满指数。

为了让大家在烹饪时能有据可依，以便更轻松地制作出受家人欢迎的美食，同时充分享受烹饪的乐趣，我们特意编写了这套菜谱。为满足各类人群、各个年龄段对饮食的不同需求，适合个人口味偏好，本套菜谱编写范围较广，包含家常菜、小炒、私房菜、特色菜、川菜、湘菜、东北菜、火锅、主食、汤煲等，不一而足，希望能够满足各类读者对于美食的独特需求。

我们力求让读者一读就懂，一学就会，一做便成功。书中详尽介绍了食物制作所需的主料与配料，并对操作步骤进行了细致地讲解，同时关于操作过程中需要注意的事项也重点阐述。即便您从来没有下过厨房，也可以在菜谱的帮助下制作出美味可口的菜品。

在教您烹饪的基础上，我们对食材与菜品的营养成分进行了解析，以帮助您选择适合家人营养需求与口味的菜肴。希望可以让您吃得健康、吃得明白。

另外，我们为每道菜都配有精美的图片，在掌握制作方法的同时，给您带来一场视觉上饕餮盛宴。看着令人垂涎欲滴的图片，想必您一定能胃口大开，在享受美食的同时，体会到烹饪带给您的巨大乐趣。

美味的食物不仅可以给您带来味蕾上的满足感，更重要的是每一种食物都蕴藏着养生的智慧。希望在您享受美食的过程中，您的体质与生活质量都能得到更好的改变。

在这套菜谱的编写过程中，我们请教了烹饪大师、营养师等相关人士，他们给予了我们极大的帮助，在此表示深深的谢意。然而，我们的水平有限，书中难免出现疏漏之处，敬请读者指正。在此一并表示感谢！

目录
CONTENTS

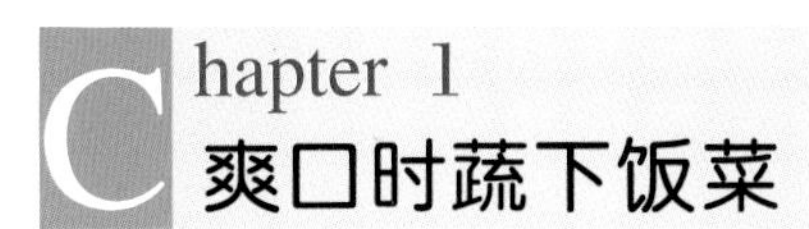

Chapter 1 爽口时蔬下饭菜

Chapter 2 爽口菌豆下饭菜 31

Chapter 3 爽口畜肉下饭菜 61

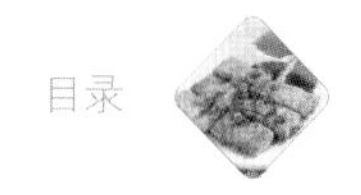

Chapter 1 爽口时蔬下饭菜

糖醋辣白菜

主料 大白菜心500克

配料 白糖100克，醋50克，干红辣椒15克，酱油10克，盐10克，姜10克，植物油适量

·操作步骤·

① 将大白菜心、姜、干红辣椒均切成细丝，待用。

② 将大白菜心用开水烫一下，过凉，捞出，挤去水分，放入盆内。

③ 锅内放入植物油，烧热后放入干红辣椒，先炸一下，再放入姜丝略炸，加入醋、白糖、酱油、盐，烧开后，将汁晾凉，浇在大白菜上即成。

·营养贴士· 大白菜中富含维生素C和维生素E，多吃大白菜可以使皮肤的抗损伤能力得到增强，从而起到护肤和美容的效果。

清汤白菜卷

主料 白菜500克，豆腐100克，鸡蛋60克，黄豆粉20克

配料 味精、胡椒粉、盐各2克，辣椒酱适量

·操作步骤·

① 把豆腐、鸡蛋、辣椒酱、胡椒粉、味精、盐、黄豆粉调成蓉。

② 白菜洗净，入沸水锅中焯一下捞出，沥干水分，将白菜摊开，放入调好的豆粉蓉裹成卷，上笼蒸5 ~ 10分钟。

③ 取出切成3 ~ 4厘米长的段，先码入蒸碗内，再入笼蒸熟，翻扣入盘即成。

·营养贴士· 黄豆粉中含有大豆蛋白质和豆固醇，可以有效地改善和降低血脂和胆固醇，预防心血管疾病。

辣白菜卷

主料 大白菜500克

配料 盐5克，味精3克，辣椒油、米醋各适量，青椒丝、红椒丝各少许

·操作步骤·

① 将白菜叶一片一片从根部整个掰下，洗净备用。

② 锅中加水烧开，将白菜叶放入焯熟，捞出控水。

③ 待菜叶稍凉，将其逐个卷成大小均匀的卷，码入盘中。

④ 取一小碗，将适量辣椒油、米醋、盐、味精拌匀，倒在码好的白菜卷上，再以青椒丝、红椒丝点缀即可。

·营养贴士· 白菜有清热除烦、解渴利尿、通利肠胃的功效。经常吃白菜可防止维生素C缺乏症。

·操作要领· 白菜焯熟后，可放入冷水中浸泡一下，以保持其脆爽口感。

香辣甘蓝

主 料 甘蓝 300 克

配 料 油 30 克，香油、白糖、精盐、味粉各适量，红干椒、姜、蒜各少许

·操作步骤·

① 甘蓝除去外面老叶，洗净，切成片备用；红干椒、姜切丝；蒜切片。

② 炒锅上火烧热，加底油，用姜、蒜炝锅，放入红干椒丝煸炒片刻，再放入甘蓝煸炒，加白糖、精盐、味粉，用旺火翻炒均匀，淋香油，即可出锅。

·营养贴士· 甘蓝中富含维生素 U、维生素 P 等，可以起到防癌的作用。

炝油菜

主 料 油菜 400 克

配 料 花椒、油、精盐、鸡精各适量

·操作步骤·

① 油菜洗净，如果比较大可以从根部纵向切一刀，沥干油菜里面的水。

② 锅内加油烧热，加入花椒，爆香后，将花椒捞出，油菜下锅，注意菜根部抵火旺的锅中心，旺火快炒至三成熟，大约需要 1 分钟。

③ 在菜根部撒上精盐，翻炒一下，至七成熟的时候加鸡精起锅即可。

·营养贴士· 油菜中富含钙、铁、维生素 C 等营养元素，可以预防皮肤过敏。

豆豉鲮鱼油麦菜

主料 油麦菜400克，罐装豆豉鲮鱼50克

配料 红尖椒1个，大葱1根，生姜1块，大蒜3瓣，植物油30克，香油5克，高汤15克，料酒10克，精盐8克，白糖、味精各3克

·操作步骤·

① 把油麦菜洗净，切成3厘米左右长的段，用开水焯熟，装盘。

② 大葱、大蒜、生姜切末；红尖椒洗净切成圈。

③ 锅中放植物油烧热，加入葱末、蒜末、姜末炒香，加入高汤及其他配料（除香油）。

④ 放入豆豉鲮鱼，熟后盛出，放在油麦菜上，淋入香油，点缀上红尖椒圈即可。

·营养贴士· 油麦菜中富含维生素以及钙、铁、蛋白质等营养成分，可以起到降低胆固醇、清燥润肺、化痰止咳等功效。

·操作要领· 油麦菜不要用水焯，而且要用大火爆炒，这样可以使油麦菜色泽翠绿、口感脆香。

砂锅炖菜心

主料 油菜心60克，香菇3朵，冬笋片、火腿片各少许

配料 鸡汤900克，植物油、干贝汁、料酒、香油各适量，盐、味精各少许

·操作步骤·

① 油菜心洗净，菜头削成橄榄形，剖十字刀。

② 炒锅中放植物油烧热，将油菜心放入滑油至菜叶鲜绿、菜梗微透明时，捞起沥油，余油顺便爆香香菇。

③ 将菜心根部向外、叶梢朝锅中央整齐排入砂锅内，再将冬笋片、火腿片、香菇依次码在菜心上，放干贝汁，放入精盐、料酒，加鸡汤烧沸，微火炖10分钟左右，加味精，淋入香油即成。

·营养贴士· 干贝中富含EPA和DHA，可以有效地减轻脑疲劳、提高免疫力。

虾皮拌菠菜

主料 菠菜200克，虾皮50克

配料 酱油、香油各10克，醋、芝麻酱各5克，盐、味精各2克，蒜泥适量

·操作步骤·

① 菠菜洗净，用开水焯一下，沥干水分，切成段，装盘。

② 虾皮洗净，放在菠菜段上，再浇上蒜泥和各种调料，拌匀即成。

·营养贴士· 菠菜中含有大量的β胡萝卜素和铁，也是维生素B_6、叶酸、铁和钾的极佳来源。其中丰富的铁对缺铁性贫血有改善作用。

铁板花菜

主 料 花菜 400 克，五花肉 150 克，芹菜 30 克，红尖椒 3 个

配 料 生抽、辣椒酱各 15 克，植物油、盐、白糖各适量

·操作步骤·

① 将花菜朵朝下没入淡盐水中浸泡 20 分钟后，将花菜洗净，掰成小朵，放入开水锅中焯水 1 分钟左右，捞出立即用冷水冲淋至凉，沥干水分备用。

② 五花肉切成薄片；芹菜切段；红尖椒切圈。

③ 锅中放油，烧热，放入五花肉片，用中火煸炒至表面完全变色，继续煸炒至将肥肉中的油分逼出一部分。

④ 加入辣椒酱炒香，倒入尖椒圈、芹菜段和花菜，翻炒几下，加入生抽和一些白糖，转大火翻炒 1 分钟左右，关火，盖上锅盖焖 1 分钟左右即可。

·营养贴士· 花菜中含有丰富的维生素 C，可以使皮肤白皙、有弹性，避免皮肤受损。

·操作要领· 煸炒五花肉的时候最好用中大火，这样可以逼出肥肉中的油，避免菜过于油腻。

炒合菜

主 料 菠菜、粉丝各100克，豆芽300克，鸡蛋3个

配 料 植物油20克，精盐5克，葱末、姜末各5克，醋5克，生抽适量

·操作步骤·

① 菠菜洗净，焯一下，切段；豆芽洗净；鸡蛋打入碗中，加少许醋搅匀；粉丝泡软。

② 锅置火上，倒入植物油，烧至五成熟，下鸡蛋来回搅动，炒至蛋液凝固时盛出。

③ 锅中留底油，放入葱末、姜末炒出香味，然后放入菠菜和豆芽翻炒几下，再放入炒好的鸡蛋和粉丝，加精盐和生抽调味即可。

·营养贴士· 豆芽可以起到美容、消肿、补肾、软化血管等作用。

蚝油生菜

主 料 生菜100克

配 料 蚝油、淀粉、盐、生抽各适量

·操作步骤·

① 生菜洗净，掰片，下沸水锅焯一下，装入盘中。

② 将适量蚝油、生抽、淀粉、盐加水调匀备用。

③ 将调好的汁液倒入锅中，小火煮至黏稠，最后浇在生菜上即可。

·营养贴士· 生菜的茎叶中含有大量莴苣素，可以起到镇痛催眠、辅助治疗神经衰弱等作用。

山楂淋菜花

主料 菜花、山楂罐头各250克

配料 白糖50克

·操作步骤·

① 将菜花掰成小朵，洗净后，投入沸水锅中焯熟，捞出，控去水分，放入盘内。

② 打开山楂罐头，连汁一起浇在菜花上，加入白糖搅拌均匀即成。

·营养贴士· 菜花中含有丰富的维生素A、维生素B_1、维生素B_2、维生素C等营养物质，可以有效消除水肿、提高视力。

·操作要领· 开罐头的时候，可以先在罐头盖子上扎一个孔，这样就很容易拧开了。

清炒苋菜

主料 苋菜500克

配料 植物油、盐、鸡精、糖各适量

·操作步骤·

① 苋菜择去老梗，洗净备用。

② 炒锅置火上，加植物油烧至八成热，下苋菜翻炒，加入鸡精、糖、盐调味，炒至梗茎软而不烂即可出锅。

·营养贴士· 苋菜中富含极易被人体吸收的钙,可以促进牙齿和骨骼的生长。

粉蒸马齿苋

主料 马齿苋500克，面粉、玉米面各适量

配料 植物油、盐、芝麻油、生抽、鲜贝露调味汁、酱油、辣椒酱、蒜、香醋各适量

·操作步骤·

① 马齿苋洗净控水，然后加植物油拌匀，再加适量面粉拌匀，再加少量玉米面。

② 凉水入锅,开大火蒸马齿苋,中间挑散一次。

③蒜切末，加盐、芝麻油、酱油、鲜贝露调味汁、生抽、香醋、辣椒酱全部搅拌均匀，吃的时候浇到蒸好的马齿苋上拌匀即可。

·营养贴士· 马齿苋有“天然抗生素”的美称，具有解毒、消炎、利尿、消肿的功效。

干煸卷心菜

主料 卷心菜200克，干红辣椒段20克

配料 酱油、食用油、食盐、味精各适量

准备所需主材料。

将卷心菜撕成适口小块。

锅内放入食用油，放入辣椒爆香，再放入卷心菜煸炒，至熟后放入食盐、味精调味即可。

营养贴士：卷心菜中含有一种“溃疡愈合因子”，可以有效治疗溃疡，促进伤口愈合。

操作要领：卷心菜要大火爆炒，因为卷心菜内多水，小火炒容易把菜里的水都逼出来。

香辣脆笋

主料 脆笋 300 克，猪肉 150 克

配料 干辣椒5个，蒜末5克，食用油、食盐、香油、白砂糖、辣椒油各适量

·操作步骤·

① 把脆笋泡水后，切丝备用；猪肉切片；干辣椒切碎备用。

② 将脆笋放入开水锅中汆烫，并沥干水分。

③ 另起一锅，放入适量食用油烧热，放入蒜末、干辣椒末一起爆香，再放入肉片一起拌炒。

④ 放入脆笋，加入食盐、白砂糖调味，炒香入味后加入香油、辣椒油拌炒均匀即可。

·营养贴士· 脆笋味甘、微寒、无毒，具有清热化痰、益气和胃、利水道、治消渴等作用。

雪菜炒冬笋

主料 冬笋 200 克，雪菜 100 克

配料 植物油 20 克，葱花、姜末各 5 克，料酒 15 克，精盐 5 克，味精、白糖各 3 克，淀粉、香油各适量

·操作步骤·

① 将冬笋切大块，放入水中浸泡 10 分钟；雪菜洗净，切成末。

② 将泡好的冬笋放入沸水锅中焯透捞出；雪菜末入水焯制。

③ 锅中倒植物油加热，将葱花、姜末放入油锅中爆香，烹入料酒，放入冬笋块和雪菜翻炒均匀，加入精盐、味精、白糖和水，用淀粉勾芡，淋入香油即可。

·营养贴士· 这道菜中含有丰富的维生素、氨基酸、钙等营养物质，可以起到降低胆固醇、降血压、降血脂的作用。

干煸冬笋

主料 冬笋500克

配料 葱花5克，植物油500克，精盐3克，酱油、料酒各10克，青辣椒、红辣椒各少许，白糖、味精、芝麻油各适量

·操作步骤·

① 将冬笋、青辣椒和红辣椒分别洗净，切成条备用。

② 炒锅置火上，倒入植物油，下冬笋条，煸炒至起皱时，放入青辣椒条、红辣椒条，再烹入料酒，依次下精盐、酱油、白糖、味精，每下一样煸炒几下，放入芝麻油，炒匀起锅，最后撒上葱花即可。

·营养贴士· 冬笋是一种高蛋白、低淀粉的食品，可以有效治疗冠心病、肥胖症、高血压等病症。

·操作要领· 冬笋条下锅之前一定要控干，否则煸炒的过程中容易溅出油。

雪菜笋丝

主 料 雪菜、鲜竹笋、花生米各适量

配 料 食用油、糖、鸡精各适量

·操作步骤·

① 竹笋剥壳去老头，用水煮 10 分钟，去除辛辣及涩味，切丝；雪菜洗净，切碎。

② 起油锅，将花生米炸熟备用。

③ 油锅内下雪菜翻炒片刻，倒入笋丝翻炒后加水，焖 3 分钟，加入糖、鸡精和熟花生米，炒匀即可。

·营养贴士· 雪菜中富含抗坏血酸，可以有效促进大脑对氧的利用，起到安神镇定、解除疲劳的作用。

日式清心蔬菜

主 料 干香菇 4 朵，莲藕、竹笋、胡萝卜各 20 克，四季豆、金针菇各 10 克

配 料 细砂糖、味醂各 15 克，昆布柴鱼高汤 200 克，酱油适量

·操作步骤·

① 竹笋去皮洗净切条；胡萝卜去皮洗净切片；干香菇洗净泡软；四季豆洗净切长段；莲藕洗净，去皮切片；金针菇洗净，焯水。

② 将所有材料与调味料放入汤锅中拌匀，以中火煮开后转小火，炖煮约 20 分钟至入味即可。

·营养贴士· 莲藕味甘、性平、无毒，可以起到清热解燥、消炎化淤、止咳化痰的作用。

水煮三鲜

主料 春笋400克，鲜香菇、鲜黄花菜各50克

配料 色拉油50克，鸡油10克，精盐、鸡精各3克，胡椒粉2克，高汤750克

·操作步骤·

① 春笋、鲜香菇洗净，分别切成条状，然后将春笋放入沸水中大火氽20秒，取出备用，将香菇和黄花菜分别放入沸水中大火氽1分钟，取出备用。

② 锅中放入色拉油，烧至七成热时放入春笋，大火煸炒1分钟，加入高汤大火烧开，然后放入香菇、黄花菜、精盐、鸡精，用中火煮2分钟，淋鸡油，倒入汤盆内，撒上胡椒粉即可。

·营养贴士· 春笋具有滋阴、益血、消食、化痰、明目等疗效，是一种非常好的食疗食品。

·操作要领· 焯春笋的时候可以往水里加一点盐，以去除春笋的涩味。

粉蒸藕片

主 料 藕、糯米粉各适量

配 料 盐、白醋、白胡椒粉各适量

·操作步骤·

① 藕削皮切成厚度一致的薄片，浸泡在加有少许白醋的清水中。

② 将盐、白胡椒粉、糯米粉拌匀，藕片沥干水分，均匀沾上调料，之后平铺在盘上，上蒸锅蒸30分钟即可。

·营养贴士· 莲藕中富含一种糖类蛋白质，可以有效促进蛋白质和脂肪的消化，起到减轻肠胃负担的作用。

清炒魔芋丝

主 料 魔芋200克，火腿50克，青椒1个

配 料 蒜末、盐、鸡精、植物油、料酒、酸汤各适量

·操作步骤·

① 魔芋、火腿、青椒均切成丝。

② 锅中倒入酸汤，放入魔芋丝煮开，捞出沥干。

③ 锅中放油，烧热，放魔芋丝翻炒片刻，加入蒜末炒香，放入火腿丝和青椒丝，加料酒炒匀，最后加鸡精和盐，继续翻炒至熟即可。

·营养贴士· 魔芋中的纤维可以促进肠胃蠕动，起到促进消化、防止便秘的作用。

清炒素腰花

主 料 魔芋腰花500克，红椒1个，木耳、蚕豆各少许

配 料 油、葱末、姜末、精盐、糖、味精、水淀粉各适量

·操作步骤·

① 魔芋腰花洗净，用沸水焯一下备用；木耳撕朵；红椒切菱形片；蚕豆洗净去皮掰开备用。

② 起锅入油，烧至七成热时，放入葱末、姜末爆香，倒入魔芋腰花、蚕豆、木耳和红椒片煸炒2分钟，加精盐、糖、味精炒匀，最后淋入水淀粉勾薄芡，出锅装盘即可。

·营养贴士· 这道菜具有散毒、养颜、减肥、开胃等多种疗效。

·操作要领· 红椒切菱形片不仅可以使菜更加美观，而且可以使红椒更入味。

剁椒蒸香芋

主料 香芋400克

配料 剁椒、盐、鸡精、豆豉、姜、蒜、葱、植物油、蚝油各适量

·操作步骤·

① 香芋去皮，洗净后切成菱状块；姜、蒜、葱洗净切末。

② 锅内热植物油至六成热时，放入芋头，中火煸干水分，盛出备用；剁椒加盐、姜末、蒜末、蚝油、鸡精、豆豉拌匀，用热油浸泡至熟，晾凉备用。

③ 将冷却的剁椒汁浇在香芋块上，入笼蒸8分钟，出笼撒上葱花即成。

·营养贴士· 芋头含有较多的氟，可以起到洁齿防龋、保护牙齿的作用。

粉蒸四季豆

主料 四季豆300克，五香蒸肉米粉120克

配料 油20克，生抽15克，清鸡汤、豆瓣酱、白糖各适量

·操作步骤·

① 四季豆择去头尾，撕去老筋，洗净切成两段；取小碗，加入五香蒸肉米粉、生抽、豆瓣酱、油、白糖和清鸡汤，调匀备用。

② 将四季豆放入大碗内，与粉蒸酱汁一同拌匀，静置10分钟，盖上一层保鲜膜。

③ 烧开锅内的水，放入粉蒸四季豆，加盖，大火隔水清蒸15分钟，取出，撕去保鲜膜，即可上桌。

·营养贴士· 四季豆中含有大量的蛋白质和氨基酸，可以起到健脾胃、促进食欲的作用。

清炒荷兰豆

主 料 荷兰豆250克，红椒1个，木耳少许

配 料 橄榄油10克，姜末5克，盐5克

·操作步骤·

① 荷兰豆择洗干净，切去两头；红椒洗净去蒂，切碎；木耳泡发，撕片。

② 锅置火上，放入橄榄油烧热，放入姜末、红椒碎炒香，然后加入荷兰豆、木耳片，翻炒2分钟，加入盐、少许水，炒匀即可。

·营养贴士· 荷兰豆可以防止人体致癌物质的形成，进而起到防癌抗癌的作用。

·操作要领· 为了使荷兰豆更入味，可以将洗干净的荷兰豆斜着切成小段。

豆角烧茄子

主料 豆角150克，茄子200克

配料 干辣椒、姜、蒜、盐、胡椒粉、白糖、植物油、鸡精、豆豉各适量

·操作步骤·

① 将豆角择成寸段洗净；茄子洗净切成和豆角差不多的长条；干辣椒切条；姜和蒜切碎备用。

② 锅内放油烧热，倒入茄子，加少许盐，炒至茄子变软后盛出。

③ 锅中加油，油热后放入豆豉、干辣椒、姜碎和蒜碎炒香，放入豆角翻炒，待豆角变色后加盐和白糖，继续炒至七成熟。

④ 倒入茄子，加入胡椒粉，翻炒至熟，加入鸡精，即可盛出。

·营养贴士· 茄子中含有丰富的蛋白质、碳水化合物等营养物质，可以延缓人体衰老。

夏果炒西芹

主料 西芹、夏威夷果、胡萝卜各适量

配料 植物油、盐、鸡精各适量

·操作步骤·

① 西芹洗净，切成小段；胡萝卜切成片。

② 炒锅放油烧至七成热，投入夏威夷果，略炒，起锅待用。

③ 倒入胡萝卜片、西芹段翻炒，九成熟后，再倒入夏威夷果一起炒，加入盐、鸡精调味，即可出锅装盘。

·营养贴士· 芹菜中含有大量的铁元素，可以治疗缺铁性贫血，还可以有效缓解高血压及其并发症。

干煸豆角

主 料 豆角200克，干红辣椒30克

配 料 酱油、食用油、食盐、味精各适量

操作步骤

1. 准备所需主材料。

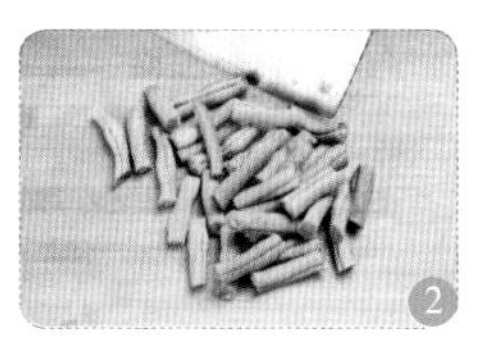

2. 将豆角择洗干净后切段；将干红辣椒切段。

3. 油锅上火，将豆角放入油锅内过油，捞出控油备用。

4. 锅内留适量底油，放入辣椒段以及炸过的豆角，再加入酱油进行翻炒，至熟后加入食盐、味精调味即可。

营养贴士：这道菜有补肾止泄、解渴健脾、益气生津等功效。

操作要领：炸豆角时豆角中已经有很多油了，所以炒时只需留一点油即可。

花生仁拌芹菜

主料 芹菜300克，花生仁200克

配料 植物油250克（实耗15克），花椒油、酱油各15克，精盐6克，味精2克

·操作步骤·

① 锅内放入植物油烧热，放入花生仁，炸酥时捞出，晾凉后搓去红色外衣。

② 将芹菜择去根、叶，洗净，切成1厘米长的段，放入开水里烫一下，捞出，用凉水过凉，控净水分。

③ 将炸好的花生仁和芹菜段放入碗中，将酱油、精盐、味精、花椒油放在另一个小碗内调好，浇在菜肴上，吃时拌匀即成。

·营养贴士· 花生可以起到增强记忆力、健脑、抗衰老等作用。

脆皮玉米

主料 玉米粒200克，鸡蛋1个

配料 调和油、玉米淀粉、朱古力糖针各适量

·操作步骤·

① 玉米粒洗净控干水分，撒上一层玉米淀粉，让淀粉裹匀每颗玉米粒。

② 在玉米粒中加进一些鸡蛋液拌匀，使每颗玉米粒都沾上鸡蛋液，然后在上面再撒上一层玉米淀粉，拌匀。

③ 锅内多倒些油，油温在五成热时，下玉米粒炸至外酥内熟时捞起，撒上少许朱古力糖针装盘即可。

·营养贴士· 玉米中含有丰富的维生素C等营养元素，有美容、明目、预防高血压等功效。

松仁玉米

主 料 玉米粒150克，松仁10克，青椒、红椒各1个

配 料 盐3克，白砂糖5克，牛奶50克，植物油15克

·操作步骤·

① 玉米粒淘洗净，放入开水锅中煮熟捞出，沥干水分；青椒、红椒洗净去蒂切丁状。

② 取一平底锅，直接放入松仁，用小火焙香，待松仁变微黄色，表面泛油光时，盛出自然冷却。

③ 锅中放油，烧至七成热时，放入玉米粒、青椒丁、红椒丁翻炒一会儿，倒入牛奶，放入盐和白砂糖翻炒均匀。

④ 盖上锅盖焖煮3分钟左右，然后大火收汤，撒入松仁炒匀即可出锅。

·营养贴士· 这道菜具有润肺止咳、养肝明目、抗癌防癌的作用。

·操作要领· 松子自身含有很高的油脂，所以一定要用非常小的火，而且炒的时间要短，否则容易变煳。

韭菜炒豆芽

主 料 绿豆芽420克，韭菜100克

配 料 干辣椒、盐、植物油、鸡精、胡椒粉各适量

·操作步骤·

① 韭菜洗净切段；绿豆芽洗净备用；干辣椒切成丝。

② 锅内放油，油热后放入干辣椒炝锅，然后倒入绿豆芽翻炒几下。

③ 加入韭菜，加盐、鸡精、胡椒粉调味，翻炒均匀即可。

·营养贴士· 这道菜有降血糖、降血脂以及防治痔疮、遗尿等作用。

豆芽炒双丝

主 料 豆芽100克，胡萝卜、黄瓜各50克

配 料 植物油40克，精盐10克，醋、糖各适量

·操作步骤·

① 将豆芽洗净备用；胡萝卜洗净切丝备用；黄瓜洗净，带皮切长段，纵向切片，再切丝。

② 锅内倒植物油加热，放入豆芽、胡萝卜、黄瓜，翻炒到食材变软。

③ 锅内加精盐、糖调味，沿着锅边倒入些许醋，翻炒一下即可。

·营养贴士· 这道菜可以起到防癌抗癌、生津止渴等功效。

双椒土豆丝

主 料 土豆300克，青辣椒、红辣椒各2个

配 料 葱末10克，植物油25克，醋、精盐各适量，味精少许

·操作步骤·

① 土豆洗净，削去皮，切成细丝，用清水浸泡15分钟，捞出沥干水分；青椒、红椒洗净，去籽，切成丝。

② 炒锅烧热，倒入植物油，放入青辣椒、红辣椒炒至变色，盛入盘中。

③ 锅内留少量油，煸香葱末，放入泡好的土豆丝，翻炒至熟，放入青辣椒丝、红辣椒丝，加精盐、醋、味精和少量清水，炒拌均匀，装盘即可。

·营养贴士· 土豆中富含淀粉、蛋白质以及B族维生素、维生素C等微量元素，可以有效促进脾胃的消化功能。

·操作要领· 泡土豆丝的时候一定要将土豆丝上的淀粉洗干净，否则，土豆丝容易变色，而且会影响土豆丝清脆的口感。

香焖茄子

主料 长条茄子2根，青椒、番茄、洋葱各1个

配料 蒜瓣、盐、味精、料酒、酱油、胡椒粉、白糖、食用油各适量

·操作步骤·

① 茄子洗净切块；番茄洗净切块；洋葱剥皮切丝；青椒洗净去蒂切丁。

② 锅内倒入适量食用油，烧热后放入茄子，炸至金黄色捞出沥油。

③ 锅内留少许油，烧热后放入蒜瓣爆香，再放入洋葱丝、青椒丁、番茄块及炸好的茄子翻炒，依次放入盐、味精、胡椒粉、酱油、料酒，再加入少许白糖，放入半碗清水，将茄子烧熟即可。

·营养贴士· 茄子的抗癌性要比其他蔬菜高好几倍，可以有效抑制胃癌、盲肠癌等病症。

麻辣南瓜

主料 南瓜750克

配料 葱花5克，麻油、精盐、味精、白糖、酱油、醋、花椒粉各适量，红油辣椒少许

·操作步骤·

① 南瓜去皮洗净，切成条，撒上精盐，腌渍约5分钟。

② 将红油辣椒、精盐、味精、白糖、酱油、醋、花椒粉放入碗内，调匀成麻辣汁。

③ 炒锅置旺火上，放入清水烧沸，倒入南瓜条，捞出淋少许麻油拌匀晾凉，放入净盘内，拌上麻辣汁，撒上葱花即可。

·营养贴士· 南瓜性温、味甘、无毒，可以起到润肺补气、化痰排脓、治咳止喘等作用。

雪梨炖山药

主 料 雪梨 1 个，山药 1 根

配 料 冰糖、朱古力糖针各适量

·操作步骤·

① 将雪梨、山药分别去皮并切成块。

② 在适量清水中加入雪梨、冰糖，中小火煲约 15 分钟，雪梨渐渐变得清透时，加入山药块，煲至山药绵软，关火加盖焖几分钟，出锅后撒上朱古力糖针即可。

·营养贴士· 这道菜有生津止渴、化痰止咳、润肺、养颜等功效。

·操作要领· 山药去皮的时候会导致手痒，可以先将山药稍微蒸一下再去皮。

清蒸冬瓜球

主 料 冬瓜 500 克，胡萝卜 1 根

配 料 鸡汤、盐、糖、鸡油、玉米淀粉各适量

·操作步骤·

① 把生冬瓜切成长方形，大小与砖头类似，用挖球器逐层挖球；胡萝卜切成叶片状，过沸水焯一下。

② 将冬瓜球在滚开的鸡汤里烫一下，放入蒸锅蒸 4 分钟，取出放到胡萝卜中心，摆成葡萄形或其他好看形状。

③ 把鸡汤、盐、糖和鸡油混合熬煮，制成一份简单的酱汁，加玉米淀粉使之变浓稠，浇在整盘菜肴上即可。

·营养贴士· 这道菜有明目、清热、减肥、化痰、利水等功效。

干贝汁焖冬瓜

主 料 冬瓜 250 克

配 料 姜丝、盐、鸡粉、植物油、干贝汁、蚝油各适量

·操作步骤·

① 冬瓜去皮，洗净后切块。

② 锅内放少量植物油，烧热后加入姜丝爆香，再加入冬瓜翻炒。

③ 加入适量盐、鸡粉、干贝汁、蚝油，搅拌均匀，盖上锅盖焖至汁浓即可。

·营养贴士· 冬瓜具有保护肾功能的作用，可以有效调节免疫功能，改善临床症状。

成都素烩

主 料 白萝卜、马铃薯各250克，胡萝卜1根，香菇、洋菇各10朵，小黄瓜2根，玉米笋12条，青芦笋20条，菜心少许

配 料 上汤、生粉、鸡油、油、盐各适量

·操作步骤·

① 将胡萝卜、白萝卜、马铃薯洗净去皮切片；青芦笋、小黄瓜去皮洗净切条；香菇、洋菇切块；玉米笋挖成球形；菜心洗净备用。

② 将以上材料分别用滚水烫煮8分钟后捞出，泡在冷水中。

③ 起油锅，放芦笋以外的主料爆炒后加入上汤，大火煮3分钟，再将芦笋放入并加盐调味，再煮20秒钟，用生粉勾芡后淋少许鸡油即可。

·营养贴士· 这道菜具有解毒化痰、防癌、抗癌、明目、增强抵抗力等作用。

·操作要领· 如果条件允许，可以将焯过的食材放进冰水里，更能保持脆嫩。

柠汁青瓜

主料 青瓜200克

配料 白糖15克，白醋10克，食盐3克，凉开水50克，柠檬汁、鲜柠檬片各适量

·操作步骤·

① 新鲜的青瓜洗净去皮，切去尾部，切成长条。

② 将青瓜条放入盆中，加入食盐、白糖、白醋、柠檬汁、鲜柠檬片，再加入凉开水，泡2小时，捞起码入盘中即可。

·营养贴士· 柠檬可以起到抗菌消炎、增强人体免疫力的作用。

烧拌辣椒

主料 柿子椒250克

配料 香油8克，盐、味精各5克，醋3克

·操作步骤·

① 将柿子椒洗净去籽切块。

② 将炒锅烧热，放柿子椒下锅用小火炒。

③ 表皮变色后关火，放入盐、味精、醋炒匀，淋上香油上碟即可。

·营养贴士· 柿子椒中含有维生素P，可以促进人体对维生素C的吸收，另外还可以有效地消除疲劳。

Chapter 2
爽口菌豆下饭菜

炝拌木耳

主 料 木耳150克，红椒1个

配 料 香葱少许，盐、酱油、醋、白糖、味精、植物油、香油、蒜末各适量

·操作步骤·

① 木耳用水泡发洗净；红椒洗净去蒂切片；香葱切段。

② 锅中倒水烧开，放入木耳焯半分钟捞出。

③ 炒锅中倒入植物油，放入红椒片和蒜末煸炒出香，倒入木耳中。

④ 将香葱段、盐、白糖、味精、醋、酱油、香油倒入碗里调匀，倒入木耳中拌匀即可。

·营养贴士· 这道菜具有润肺止咳、补气、止血的作用。

蘑菇菜心炒圣女果

主 料 鲜蘑菇100克，菜心250克，圣女果100克，木耳适量

配 料 植物油40克，白糖10克，盐2克，味精1克，香油5克

·操作步骤·

① 将鲜蘑菇削去柄，洗净，大的对开；菜心洗净；木耳泡发，撕小朵；圣女果洗净切成两半。

② 用大火将炒锅烧热，放入植物油，油热至冒烟时倒入菜心，煸炒至菜叶变软且色变深时放入蘑菇、木耳、圣女果同炒，加入盐、白糖和少许水。

③ 盖上锅盖，烧3分钟，当锅内汤汁较少时入味精炒匀，洒上香油盛盘即可。

·营养贴士· 菜心富含粗纤维、胡萝卜素以及维生素C，可以起到促进肠胃蠕动、润肠通便、护肤养颜等作用。

巴蜀上素

主 料 青椒1个，胡萝卜、香菇、银耳、黑木耳、面筋各适量

配 料 姜丝、高汤、红烧肉作料、食用油、麻油各适量

·操作步骤·

① 香菇去蒂洗净，用温水泡发；黑木耳泡发，去除根部，撕成小朵；银耳洗净，撕成小片，用清水浸泡待用；面筋过水，切方块；青椒洗净去蒂切片；胡萝卜去皮，切片，入沸水氽熟。

② 微波容器内倒入食用油，放入姜丝，高火1分钟后取出，放入胡萝卜、香菇、银耳、黑木耳和面筋。

③ 将红烧肉作料（现成的）、高汤和泡发香菇的水调成汁料，倒入步骤②的容器拌匀，放入微波炉高火5分钟，再中火5分钟后取出，加入青椒块，再高火3分钟，取出淋上麻油即可。

·营养贴士· 银耳具有强精、补肾、润肠、益胃、补气、和血、强心、壮身、补脑、提神、美容、嫩肤、延年益寿等功效。

·操作要领· 银耳最好用温水泡发，用开水泡容易使银耳发黏，用冷水泡泡得特别慢。

山药烩香菇

主料 山药300克，新鲜香菇、胡萝卜各100克，红枣10克

配料 葱1根，食用油30克，酱油、胡椒粉、精盐各适量

·操作步骤·

① 胡萝卜洗净，去皮，切成三角形片；香菇洗净，切薄片；红枣洗净，泡水；葱洗净，切段。

② 山药洗净，去皮，切成薄片，放入水中加精盐浸泡。

③ 锅中倒入食用油烧热，爆香葱段，捞出葱段，放入山药、香菇及胡萝卜炒匀，加入红枣及酱油，用中火焖煮10分钟至山药、红枣熟软，再加入精盐和胡椒粉调匀，即可盛出。

·营养贴士· 本菜可以起到开胃、助消化、降血脂、抗衰老等作用。

香菇炒土豆条

主料 香菇8朵，土豆2个，青椒、红椒各半个

配料 油20克，蒜片8片，生抽10克，精盐5克，白糖、五香粉、味精各3克

·操作步骤·

① 土豆削皮，切成长条，放入热水锅中煮熟；香菇洗净切条；青椒、红椒切丝。

② 锅中加适量油，煸香蒜片，倒入香菇翻炒，倒入煮熟的土豆条和青椒、红椒，加生抽、精盐、白糖、五香粉、味精，加小半碗水，盖上锅盖，小火焖2~3分钟即可。

·营养贴士· 土豆中富含维生素以及钙、钾等微量元素，而且易于消化吸收，是一种营养丰富的菜。

香菇瘦肉锅

主 料 干香菇5朵，瘦肉300克，粉丝50克，菜花1/4棵，甜豆适量

配 料 姜片3片，香菜1棵，精盐5克，胡椒粉少许

·操作步骤·

① 干香菇去蒂泡软备用；瘦肉切厚片；粉丝泡软；菜花掰小朵；香菜切段；甜豆切段备用。

② 锅内加水，烧开后先放入香菇与姜片，煮至味道溢出，再放入瘦肉、粉丝、菜花和甜豆，煮8分钟左右，最后加入精盐、胡椒粉调味，出锅后撒上香菜即可。

·营养贴士· 这道菜具有降血脂、抗衰老、软化血管、降低胆固醇等作用。

·操作要领· 放进瘦肉、粉丝、菜花和甜豆后一定要用小火煮，否则容易使瘦肉变老。

香菇油菜

主 料 油菜、干香菇各适量

配 料 植物油、盐、淀粉、蚝油各适量

·操作步骤·

① 干香菇洗净，用水泡发，用泡香菇的适量水，调入淀粉搅拌均匀待用。

② 油菜对半剖开，香菇划十字刀。

③ 锅中水烧开后加点盐，分别放入油菜和香菇焯熟摆盘。

④ 锅里倒入植物油，烧热后倒入蚝油和芡汁熬至黏稠，浇在油菜和香菇上即可。

·营养贴士· 本菜具有补肾健脾、清热解毒等功效。

杏鲍菇炒虾仁

主 料 杏鲍菇 200 克，虾仁 10 个，红椒 1 个

配 料 葱花、蒜末、植物油、料酒、糖、盐各适量

·操作步骤·

① 杏鲍菇洗净切片，放入开水中焯 1 分钟后捞出沥干水分；红椒切成圈。

② 油锅烧热，放入葱花（部分）、蒜末爆香，加入红椒略微翻炒，加入杏鲍菇，炒软后加少许料酒、糖、盐调味，摆至盘子一侧。

③ 最后加入虾仁大火翻炒，虾仁炒熟变色后，撒入剩余葱花，摆至盘子另一侧即可。

·营养贴士· 杏鲍菇可以起到软化和保护血管以及降低血脂、降低胆固醇等作用。

锅仔

山珍猪皮

主料 野山菌200克，鲜猪皮250克，金针菇、玉兰片各50克

配料 鸡精、精盐各5克，姜5片，干辣椒段5克，胡椒粉1克，鸡汤500克

·操作步骤·

① 鲜猪皮烙去毛，刮洗漂净后，改刀切成长方块，放沸水中略焯，捞出沥干水分备用；金针菇洗净。

② 将野山菌清洗干净，切段，并用鸡汤小火煨30分钟，将猪皮放入锅中，放入金针菇、姜片、玉兰片、干辣椒段、胡椒粉，小火煲1小时至猪皮软糯，放鸡精、精盐调味即可。

·营养贴士· 这道菜可以起到活血止血、补益精血、减少皱纹、滋润皮肤等作用。

·操作要领· 猪皮要选择色白、有光泽、毛孔深而细的，而且要去脂干净。

口蘑炒面筋

主料 口蘑、面筋各100克

配料 植物油20克，精盐、白糖各5克，酱油5克，水淀粉、料酒、十三香、葱花各适量

·操作步骤·

① 口蘑洗净，切成片；面筋切厚片。

② 锅内放植物油烧热，将口蘑放入翻炒，调入酱油、白糖、十三香、料酒，加适量水，炒至出香味时，放入面筋，煮至收汁，加精盐调味后，加水淀粉勾芡，盛入盘中，撒些葱花即可。

·营养贴士· 口蘑中含有人体所需的8种氨基酸和多种维生素、尼克酸等，可以起到宜肠益气、解表化痰、散血热等作用。

干锅茶树菇

主料 茶树菇300克，五花肉100克

配料 姜、小米椒、郫县豆瓣、植物油、盐、鸡精、酱油、糖、葱花、香菜各适量

·操作步骤·

① 茶树菇洗净切段，在开水锅中焯水后捞出沥干；五花肉切薄片；姜切丝；小米椒、香菜切段。

② 锅中放少许底油，下五花肉煸至出油，用姜丝、葱花炒香。

③ 放入剁碎的郫县豆瓣，炒香后倒入小米椒翻炒，放入焯好水的茶树菇，继续煸炒约5分钟，加盐、糖、酱油、鸡精调味，撒上香菜即可。

·营养贴士· 这道菜有止泻、健脾、利水、补肾、化痰等功效。

吊锅茶树菇

主料 干茶树菇500克，五花肉50克

配料 香葱段、香菜段、干辣椒段各10克，老汤、猪油、蒜油各50克，酱油20克，精盐5克，浓缩鸡汁、白糖各2克，色拉油适量

·操作步骤·

① 将温水泡发后的干茶树菇切成段（3厘米长），入沸水中汆1分钟，控水，再放入四成热的色拉油中小火滑2分钟，取出控油；五花肉洗净切薄片。

② 锅内加入猪油、蒜油烧至七成热，放入五花肉片小火炒2分钟，加茶树菇翻炒均匀，放入酱油、精盐、浓缩鸡汁、白糖调味，加入老汤，大火收汁后倒入吊锅内，上面放入香葱段、干辣椒段，淋上九成热的色拉油，放香菜段即可。

·营养贴士· 茶树菇中含有大量蛋白质、碳水化合物、维生素等，可以起到开胃、健脾、滋阴、补肾、美容养颜、提高免疫力等作用。

·操作要领· 如果不喜欢太油腻，可以将五花肉多炒一会儿，将里面的油逼出来。

天麻鱼头炖豆腐

主料 新鲜鳙鱼头1个，南豆腐50克，天麻30克，红枣4个，枸杞子3克

配料 姜片、香葱各20克，花生油10克，花雕酒5克，盐、鸡粉各2克，高汤适量

·操作步骤·

① 天麻和枸杞子用清水浸泡回软；豆腐切成麻将块；香葱白切段，葱叶切花；鱼头清洗干净。

② 锅中烧底油，放葱白和姜片煸香，将鱼头两面煎过，加高汤，烧开后把鱼头放到砂锅中。

③ 加入天麻、枸杞子、红枣，再用盐、鸡粉、花雕酒调味，慢炖30分钟，撒上葱花即可。

·营养贴士· 鳙鱼头中含有丰富的脂溶性脂肪酸和Ω-3脂肪酸，可以保护心脑血管。

煎炒豆腐

主料 豆腐500克

配料 干辣椒、姜、蒜、香芹各少许，盐、植物油各适量

·操作步骤·

① 豆腐洗净、切成大小差不多的长块；姜、蒜切末；干辣椒切丝；香芹切段。

② 锅倒油烧热，将豆腐一块一块放进去，煎至四面金黄时捞出，放在盘里待用。

③ 将锅洗净后倒油烧热，放入姜、蒜、干辣椒爆香，然后放入香芹和煎好的豆腐一起翻炒3分钟，加入盐调味即可。

·营养贴士· 豆腐是一种补益清热的养生食物，起到补中益气、生津止渴等作用。

鲍汁草菇

主料 草菇 1 盘，油菜 4 棵

配料 鲍鱼汁 1 小碟

准备所有主材料。

将油菜、草菇摘干净，焯水后备用。

将焯过水的草菇切成片备用。

将鲍鱼汁稀释后放入锅内，加入草菇熬煮。

把油菜铺在盘底，把用鲍鱼汁熬煮过的草菇倒在上面，即可食用。

营养贴士：草菇中含有丰富的维生素 C，可以起到促进人体新陈代谢、提高机体免疫力的作用。

操作要领：菌类生长的过程中可能会带一些有害物质，所以最好先用盐水泡一遍，以除去这些有害物质。

白菜炖豆腐

主 料 白菜400克，北豆腐200克，青椒、红椒各1个

配 料 鲜汤400克，料酒、精盐、味精、花生油、鸡油、葱花、姜末各适量

·操作步骤·

① 将白菜洗净，切成5厘米长、2厘米宽的条；豆腐切成与白菜大小相同的条；青椒、红椒洗净去蒂，切成大片。

② 锅内加花生油烧热，放入葱花、姜末炝锅，放入白菜、料酒、鲜汤烧开，倒入净砂锅内，再放入豆腐、青椒、红椒，加精盐，烧开，撇去浮沫，加味精，淋鸡油即可。

·营养贴士· 这道菜具有清热泻火、益气、解毒、利水等作用。

铁锅泥鳅豆腐

主 料 泥鳅、豆腐各250克

配 料 姜片3片，香菜1棵，油20克，精盐5克，胡椒粉3克

·操作步骤·

① 泥鳅撒少许精盐，腌渍10分钟后，用剪刀剪开泥鳅的肚子，清理干净肠子和其他杂物，洗净，沥干水分；豆腐切块；香菜切末备用。

② 油锅烧热，放入姜片和泥鳅，将泥鳅煎至两面金黄后加水，大火煮开，至汤发白，转至中小火，继续炖30分钟，加豆腐块后，放入精盐和胡椒粉调味，再炖10分钟，撒香菜即可。

·营养贴士· 这道菜可以达到补脾胃、祛湿止泻、增强免疫力等作用。

麻婆豆腐

主料 豆腐200克，牛肉100克

配料 葱1根，豆瓣酱20克，姜5克，酱油10克，植物油75克，料酒、生抽、盐、辣椒粉、胡椒粉、花椒粉、肉汤、干淀粉各适量

·操作步骤·

① 豆腐切块后放入沸水中氽一下，捞出用淡盐水浸泡10分钟左右；豆瓣酱剁碎；姜切末；葱切小斜段。

② 牛肉切粒，加少许料酒、生抽、胡椒粉拌匀，腌渍15分钟，然后加少许干淀粉抓匀。

③ 炒锅烧热后放油，倒入牛肉粒，炒至金黄色后，放入豆瓣酱一起炒；放入姜末、葱段、酱油、辣椒粉，炒出红油后加入肉汤，倒入豆腐烧3分钟左右。

④ 出锅时，放入花椒粉翻炒几下即可。

·营养贴士· 豆腐中富含铁、钙、磷、镁等微量元素，可以起到清热润燥、补中益气、清洁肠胃等作用。

·操作要领· 花椒粉最好是自己压的，因为超市里买来的花椒粉香味不够浓郁。

咸鱼蒸豆腐

主 料 嫩豆腐1盒，咸鱼1条，青辣椒、红辣椒各1个

配 料 姜2片，酱油30克，米酒15克，植物油适量

·操作步骤·

① 咸鱼去头、尾，片下两面鱼肉，切成丝备用；豆腐切2厘米厚片；辣椒及姜切细丝。

② 将豆腐先排于盘底，咸鱼丝放在豆腐上，再分别撒上辣椒丝与姜丝，将酱油、米酒、植物油调匀淋在鱼上，置蒸笼内以中火蒸15分钟即可。

·营养贴士· 咸鱼中含有丰富的氨基酸、不饱和脂肪酸，可以有效防止动脉硬化以及心脑血管疾病的发生。

虾仁豆腐

主 料 虾仁150克，内酯豆腐1盒，鸡蛋2个，青豆适量

配 料 盐、味精、淀粉、水淀粉、姜、油各适量

·操作步骤·

① 鸡蛋去黄取清；虾仁去泥肠洗净，加入盐、味精、淀粉、蛋清拌匀；豆腐切块；姜切丝。

② 锅中放油，油热下姜丝煸炒，加虾仁、青豆煸炒，略加水，水开后放入豆腐，再烧煮约5分钟，加盐、味精调味，加水淀粉勾芡即可。

·营养贴士· 虾营养丰富，特别是蛋白质的含量非常高，尤其适合身体虚弱和病后需要调养的人食用。

豆腐烧鲫鱼

主料 鲫鱼 1 条，豆腐 1 块，木耳、冬笋各 100 克

配料 油 200 克，红辣椒粉 50 克，老姜 20 克，大蒜 10 克，葱花 5 克，味精 5 克，花椒 5 克，精盐、料酒、水淀粉各适量

·操作步骤·

① 鲫鱼洗净，鱼身两面各斜划 3 刀，抹一点精盐备用；老姜、大蒜切片；豆腐切成长方块，用开水煮 5 分钟，移至微火上备用；木耳提前泡发，撕小朵；冬笋切片。

② 炒锅下油，烧至六成热，下鲫鱼两面煎黄起锅。

③ 炒锅洗净放入剩下的油，烧至五成热，下姜片、蒜片、花椒、红辣椒粉，出香味后，加点水，再放入鱼、豆腐、木耳、冬笋、料酒、味精同烧入味，用水淀粉勾芡，将鱼摆放在盘内，在一侧摆放上豆腐块，把带有木耳和冬笋的汤汁淋在鱼和豆腐块上，撒上葱花即可。

·营养贴士· 鲫鱼含有大量的钙、磷、铁等矿物质以及很多优质蛋白质，可以增强人的抗病能力，预防肝炎、肾炎、慢性支气管炎等疾病。

·操作要领· 鲫鱼的腹腔里有一层黑膜，对人体有害，所以清理鲫鱼的时候一定要将这层黑膜清洗干净。

海带炖冻豆腐

主 料 猪肉、鲜海带各100克，冻豆腐250克

配 料 植物油50克，盐4克，味精2克，大葱5克，姜2克，鲜汤适量

·操作步骤·

① 将冻豆腐化开，洗净，挤干水分，切块；海带洗净，切成象眼片；猪肉洗净，切片；葱切末；姜切丝。

② 锅内放植物油烧至七八成热，投入葱末、姜丝爆香，然后放入猪肉略炒，放入豆腐和海带煸炒几下，再加入鲜汤，用旺火烧开，撇去浮沫，盖上锅盖，转用小火炖30分钟，加入盐和味精，即可出锅。

·营养贴士· 这道菜有益气和中、润燥生津、清热解毒、防治动脉硬化等作用。

莲蓬豆腐

主 料 豆腐2块，虾仁100克，青豆适量

配 料 盐、味精、胡椒粉、香油、太白粉各适量

·操作步骤·

① 豆腐以滚水氽烫，放凉后将豆腐捣成泥状；虾仁洗净，挑去肠泥，再用汤匙压成泥状。

② 将豆腐泥、虾泥与所有配料搅拌均匀，平铺在圆盘上，再嵌入洗净的青豆，装饰成莲蓬状，放入锅中以中火蒸约10分钟即可。

·营养贴士· 豆腐不仅可以增加营养、帮助消化、增进食欲，还可以有效促进牙齿、骨骼的生长发育。

木耳红枣蒸豆腐

主 料 红枣6个，豆腐2块，木耳适量

配 料 枸杞子少许，生粉、干贝汁各适量

·操作步骤·

① 红枣用清水浸软后切开；枸杞子用清水浸软；木耳用清水浸软后洗干净，撕小朵备用；豆腐切成小块状。

② 将豆腐放在碟上，然后将红枣、枸杞子、木耳铺在上面。

③ 隔水蒸10分钟，淋上生粉、干贝汁勾薄芡即可。

·营养贴士· 这道菜可以提高人体免疫力，起到降血压、降胆固醇等作用。

·操作要领· 干红枣纹理间不易清洗，所以要在泡开后清洗。

香椿拌松花豆腐

主 料 嫩豆腐150克，香椿罐头80克，松花蛋2个

配 料 味极鲜、白醋、香油、花椒油各适量，姜汁15克，食盐5克，鸡精3克

·操作步骤·

① 松花蛋剥皮切成小块；香椿切碎；豆腐切成小块。

② 取一个小碗，放入味极鲜、白醋、香油、姜汁、花椒油、鸡精、食盐调成汁。

③ 松花蛋、豆腐、香椿放入盘内，淋入调味汁拌匀即可。

·营养贴士· 此菜营养丰富，富含人体所需的多种营养成分，如松花蛋不仅可以保护血管，还可以在一定程度上提高智商。

家乡豆腐

主 料 豆腐300克，猪瘦肉125克，红椒1个

配 料 香菜段、水淀粉、油、酱油、料酒、豆豉、精盐、味精、洋葱丝各适量

·操作步骤·

① 豆腐、红椒分别洗净切片；猪瘦肉切丝。

② 炒锅中放油烧热，放入豆腐片，煎成金黄色，并用锅铲分成三角形。

③ 热油锅中放入猪肉丝炒香，加豆豉翻炒，然后放进酱油、料酒、水、豆腐片、红椒、洋葱丝、精盐和味精。

④ 水开后以小火炖透豆腐，加香菜段，用水淀粉勾芡收汁即可。

·营养贴士· 这道菜有清热泻火、益气、解毒、滋阴、补肾等作用。

西蓝花烧豆腐

主料 西蓝花200克，豆腐1盒，红辣椒1个

配料 油500克，精盐10克，生抽10克，白胡椒粉、鸡粉各3克，姜3片，生粉适量

·操作步骤·

① 西蓝花撕小朵，洗净沥干水；豆腐切成块；红辣椒切成段。

② 锅中烧热油，放入一半豆腐块，以中火煎至微黄色，盛起用厨房纸吸干余油，然后将剩下的豆腐煎完。另起锅，烧开半锅水，加入精盐，放入西蓝花焯30秒，捞起过冷水并沥干水。

③ 锅内留底油，炒香姜片，放入红辣椒炒匀，倒入西蓝花炒几下，倒入豆腐，与锅内食材一同翻炒均匀，加入精盐、白胡椒粉、生抽和鸡粉调味，生粉加水淋入锅中勾芡，即可出锅。

·营养贴士· 西蓝花营养非常丰富，蛋白质、碳水化合物以及钙、铁、磷、钾、锌等矿物质的含量都非常高，能促进人体的新陈代谢，提高人体免疫力，还能防癌抗癌。

·操作要领· 焯西蓝花时，可以在水里放点盐，否则容易变黄。

豆腐酿青椒

主料 豆腐300克，青椒2个

配料 精盐5克，鸡精3克，姜末、葱花、胡椒粉各适量

·操作步骤·

① 豆腐冲洗干净，沥干水分，放入碗中压碎，加姜末、精盐和鸡精，搅拌均匀。

② 青椒洗净，对半切开，去籽。

③ 将豆腐馅塞入青椒中，压平，撒上胡椒粉、葱花，上锅蒸10分钟，晾凉即可食用。

·营养贴士· 豆腐中含有丰富的营养物质及多种微量元素，还含有糖类、植物油和丰富的优质蛋白，素有“植物肉”的美称，经常食用可以增加营养、帮助消化、增进食欲。

塌塌豆腐

主料 豆腐500克，鸡蛋3个

配料 植物油50克，清汤100克，料酒15克，味精、精盐各5克，面粉、湿淀粉各10克，红椒丝、葱花各少许

·操作步骤·

① 豆腐切成长5厘米、宽3厘米、厚1厘米的片，放笼中蒸。

② 把鸡蛋搅拌均匀，将料酒、味精、精盐、面粉、湿淀粉搅成面糊，先在大盘中抹一层面糊，将豆腐块排成两排放在面糊上，再在豆腐上抹一层蛋液。

③ 适量植物油入锅，烧至五成热时把豆腐推入锅内，翻煎至浅黄后，倒上清汤、料酒、味精调成的汁，加盖收汁，翻扣在盘内，点缀红椒丝、葱花即可。

·营养贴士· 这道菜具有美颜美容、明目、健脑、护发、防治动脉硬化等作用。

什锦宫保豆腐

主 料 豆腐300克，花生米、莴笋、香菇、胡萝卜各50克

配 料 葱、姜、蒜、郫县豆瓣酱、生抽、盐、白糖、水淀粉、植物油各适量

·操作步骤·

① 起油锅，放入花生米，小火炒香后盛出，凉后搓去红衣；豆腐、莴笋、香菇与胡萝卜均切丁；姜、蒜切成末；葱一半切末，一半切葱花。

② 锅内放入适量的植物油，待油烧至八成热后放入豆腐丁，将豆腐炸成金黄色后捞出，沥油待用。

③ 锅内留少许底油，放入葱末、姜末、蒜末与郫县豆瓣酱，炒出红油，放入胡萝卜、莴笋、香菇丁炒匀，放入炸好的豆腐炒匀，加入约50克水，放入盐、少许白糖，炒匀后煮约2分钟，下生抽，再放入炒好的花生米，倒入水淀粉勾芡，撒上葱花即可。

·营养贴士· 豆腐富含蛋白质，这些蛋白质经过胃肠的消化吸收，会形成各种氨基酸，而氨基酸是合成毛发角蛋白的必需成分。

·操作要领· 花生本身就有很多油，很容易煳，所以最好在花生略微发黄的时候就出锅，放在通风处晾凉。

湘辣豆腐

主 料 豆腐300克，红辣椒2个

配 料 干辣椒2个，蒜末10克，酱油10克，食用油40克，豆豉20克，精盐、白糖各5克，味精3克，香葱少许

·操作步骤·

① 豆腐切成四方小块；红辣椒去籽，切段；葱切花；干辣椒切段。

② 炒锅烧热放食用油，放入豆腐块，炸黄捞出备用。

③ 炒锅留底油，放入大蒜末、红辣椒段、干辣椒段和豆豉略炒，倒入炸过的豆腐，加入酱油、白糖、精盐、味精炒匀，出锅撒上葱花即可。

·营养贴士· 这道菜中含有植物雌激素，经常吃可以保护血管系统，预防骨质疏松、乳腺癌等病症的发生。

干锅千叶豆腐

主 料 千叶豆腐1盒，红椒15克，五花肉50克，洋葱60克

配 料 味精、十三香、鲜露、酱油、料酒、盐、植物油各适量，青蒜少许

·操作步骤·

① 五花肉洗净切碎；千叶豆腐切片；洋葱去皮，洗净切片；青蒜洗净切段；红椒洗净切小段。

② 锅中放植物油烧热，放入千叶豆腐略炸，捞出沥干油。

③ 锅中留少许油，倒入五花肉煸出油，调入十三香、鲜露、酱油、料酒煸香，倒入千叶豆腐和红椒段，炒香，加盐和味精调味。

④ 在锅仔内垫上洋葱，放入炒好的菜肴，撒上青蒜即可。

·营养贴士· 这道菜有补中益气、生津止渴、清热润燥等作用。

鱼香豆腐

主料 豆腐1盒

配料 姜、蒜、红辣椒段、食盐、酱油、白糖、醋、葱花、食用油各适量

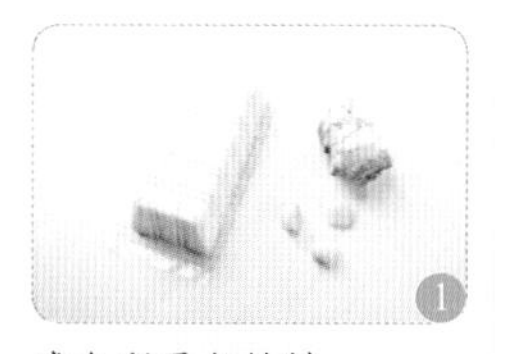

准备所需主材料。

蒜、姜分别切末备用；将红辣椒段、食盐、酱油、白糖、醋、姜末、蒜末、葱花等调制成香汁。

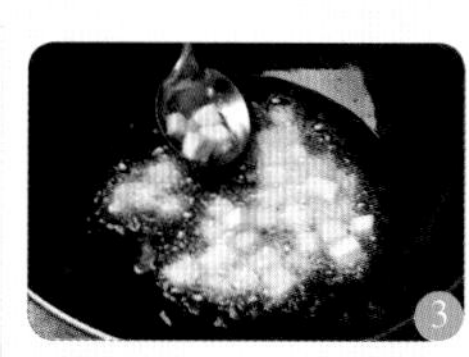

将豆腐切成小块。锅内放入食用油，将豆腐放入油锅里炸制片刻后，捞出控油，锅内留适量底油。

放入蒜末、姜末爆香，把炸好的豆腐放入锅内，再放入调制好的鱼香汁，炖煮片刻即可。

营养贴士：这道菜可以预防心血管疾病，保护心脏。

操作要领：盒装的嫩豆腐不好倒出来，可以先在豆腐盒子底部剪开2~4个小口，将里面的汁水倒出来，然后揭开盒子封膜，将嫩豆腐整个倒扣在案板上。

毛豆炒香干

主 料 毛豆、香干各200克，红辣椒50克

配 料 食用油20克，生抽10克，精盐5克，味精2克，葱花少许

·操作步骤·

① 毛豆去豆荚，洗净；香干切成丁；红辣椒切成非常窄的小段。

② 沸水锅中加精盐和少许食用油，将毛豆放入，煮熟捞起。

③ 炒锅下油，放葱花爆香后，放入切丁的香干翻炒，倒入毛豆和红辣椒，下生抽继续翻炒，放精盐、味精调味即可。

·营养贴士· 这道菜有健脾宽中、清热解暑等作用。

剁椒蒸香干

主 料 香干300克

配 料 姜、葱、剁椒各适量

·操作步骤·

① 香干洗净沥干水分，切片摆盘；姜切丝；葱切末。

② 在香干中放入姜丝、剁椒、葱末，腌渍10分钟。

③ 将香干放入蒸锅，盖上盖子大火蒸10分钟，关火后再焖2分钟，即可出锅。

·营养贴士· 香干有抗癌、和脾胃、益气宽中等作用。

干锅腊肉香干

主 料 烟熏香干400克，烟熏腊肉20克，红椒1个

配 料 姜末、蒜蓉各3克，干辣椒段、四川豆瓣各5克，茶油20克，高汤300克，盐、味精、黄豆酱油、蒜苗各适量

·操作步骤·

① 香干洗净，切成长4厘米、宽1厘米、厚0.5厘米的薄片；腊肉洗净，切薄片；红椒洗净，切段。

② 锅内放入茶油，烧至七成热时放入四川豆瓣、黄豆酱油、姜末、干辣椒段、蒜蓉爆炒出香味。

③ 放入烟熏腊肉、香干，小火翻匀，加入高汤、盐，用小火焖5分钟，撒味精出锅装入干锅内，撒蒜苗、红椒段点缀而成。

·营养贴士· 腊肉中含有丰富的脂肪、蛋白质、碳水化合物以及磷、钾、钠等矿物质。

·操作要领· 好的腊肉黄中透黑，色泽鲜明，脂肪是透明的或者是乳白色的。

香芹腐竹

主料 腐竹100克，香芹50克，红椒1个，虾米适量

配料 植物油、盐、葱、蒜、花椒各适量

·操作步骤·

① 腐竹提前泡软，切段；香芹洗净切段；葱切花；蒜切末；红椒洗净，切菱形片。

② 锅中放油烧热，放入花椒、葱花、蒜末爆香，倒入腐竹、红椒片、虾米，炒至七成熟。

③ 放入香芹翻炒，待芹菜稍软后，加盐翻炒片刻即可。

·营养贴士· 这道菜有补血、止血、健脑、护齿、防治心血管疾病等作用。

小炒豆腐皮

主料 豆腐皮250克，五花肉80克，青椒、红椒各1个

配料 油、食盐、酱油各适量

·操作步骤·

① 豆腐皮切菱形片；五花肉切片；青椒、红椒洗净去蒂切圈。

② 热油，放入肉片翻炒，炒至变色时用适量酱油上色，继续翻炒。

③ 放入辣椒圈和豆腐皮，翻炒均匀，用食盐调味即可。

·营养贴士· 这道菜有抗衰老、抗氧化、护心脏、防治骨质疏松等作用。

桂花腐竹

主料 腐竹300克，鸡蛋2个

配料 葱花30克，植物油20克，精盐5克，鸡精3克，糖桂花2克，姜末适量

·操作步骤·

① 腐竹泡发后切成细丝。

② 炒锅置旺火上，注入植物油，烧至八成热，放入姜末、腐竹丝、鸡精和精盐，加点水烧制，待烧开后，用微火焖干汤汁，倒在碗中，磕入鸡蛋，放入精盐和糖桂花搅匀。

③ 炒锅置旺火上，放植物油，油热后倒入搅好的食材炒熟，盛在盘中，撒上葱花即可。

·营养贴士· 这道菜有改善血液循环、促进生长发育、预防老年痴呆等作用。

·操作要领· 腐竹要用温水泡发，因为用凉水泡很难泡开，用开水泡，会使腐竹变软。

麻辣素鸡

主料 素鸡 200 克

配料 酱油 5 克，味精 2 克，花椒、辣椒油、香油各适量，葱花少许

·操作步骤·

① 素鸡洗净，入蒸锅蒸熟，取出切成块，装入盘中。

② 将酱油、花椒、辣椒油、味精、香油在碗内调匀，再浇在素鸡上，撒上葱花即可。

·营养贴士· 素鸡中含有大量的优质蛋白质、卵磷脂以及多种矿物质，可以起到预防心血管疾病、防治骨质疏松等作用。

酸菜煮豆泡

主料 豆泡 180 克，酸菜 150 克，红椒 1 个

配料 泡椒 2 个，精盐、味精、姜末、蚝油、植物油、清汤各适量

·操作步骤·

① 豆泡用温水泡涨；酸菜切小段；红椒切段。

② 锅中放植物油烧热，下姜末、红椒炒香，然后加清汤，用精盐、味精、蚝油调味，再下酸菜、泡椒、豆泡煮约 5 分钟即可。

·营养贴士· 酸菜中含有大量的氨基酸、膳食纤维、乳酸等，可以起到开胃提神、增进食欲等作用。

肚条烩腐竹

主料 猪肚400克，腐竹、青辣椒、红辣椒各100克

配料 植物油150克，料酒25克，胡椒粉3克，精盐4克，蒜汁10克，高汤100克，味精5克，淀粉10克

·操作步骤·

① 腐竹泡发切段备用；青辣椒、红辣椒切片备用。

② 将猪肚处理干净，放入清水中煮1小时后捞出，晾凉后切成长条。

③ 锅内倒植物油烧热，倒入高汤后加入蒜汁，再放入肚条、腐竹、青辣椒、红辣椒，用精盐、料酒、胡椒粉调味，开锅后转小火烧20分钟，放入味精，用淀粉勾芡即可。

·营养贴士· 猪肚中富含蛋白质、碳水化合物、维生素以及钙、磷、铁等矿物质，可以补虚损、健脾胃。

·操作要领· 清洗猪肚的时候要用盐和醋一起搓，否则猪肚会有异味。

百合炒蚕豆

主料 嫩蚕豆300克，鲜百合50克，水发木耳30克，红椒半个

配料 油20克，鸡精、精盐各3克，料酒10克，水淀粉、姜各适量

·操作步骤·

① 取鲜百合洗净；嫩蚕豆去皮取豆瓣；水发木耳撕小片；红椒切斜段；姜洗干净，切成片。

② 锅内添清水，水沸后分别将百合和蚕豆焯水，捞出备用。

③ 锅内放油，入姜片，炒出香味后，放入百合、蚕豆瓣、木耳、红椒，稍微焖一会儿，加精盐、料酒、鸡精调味，翻炒几下，用水淀粉勾芡，翻炒均匀装盘。

·营养贴士· 这道菜有润肺止咳、宁心安神、养颜美容等作用。

豌豆萝卜炒虾

主料 虾仁、胡萝卜、青萝卜、豌豆各适量

配料 盐、鸡精、淀粉、糖、胡椒粉、植物油各适量

·操作步骤·

① 事先将虾仁洗净沥干水，加盐、糖、胡椒粉、淀粉和植物油拌匀，放在冰箱冷藏一晚；胡萝卜、青萝卜洗净切丁；豌豆洗净放在沸水锅中焯水。

② 锅中放油，烧至五成热，滑入虾仁炒至变色倒出，放入胡萝卜丁、青萝卜丁煸炒一会儿，倒入豌豆和虾仁，加少许盐、鸡精和糖翻炒几下即可。

·营养贴士· 豌豆营养丰富，含有大量的蛋白质、膳食纤维等，可以起到加快新陈代谢、清凉解暑等作用。

Chapter 3 爽口畜肉下饭菜

鱼香肉丝

主料 里脊肉120克，冬笋75克，木耳、胡萝卜各50克

配料 泡椒20克，葱、姜各5克，蒜10克，醋10克，生抽、料酒各5克，糖15克，水淀粉8克，植物油适量

·操作步骤·

① 里脊肉洗净切丝，加料酒、水淀粉和生抽拌匀，腌渍10分钟；冬笋、木耳、胡萝卜分别洗净切丝；泡椒、葱、姜、蒜切末；糖、醋、生抽、料酒、水淀粉拌匀制成味汁。

② 锅中热油，下肉丝快速翻炒30秒，盛出沥油。

③ 锅留底油，放泡椒末炒香，放葱末、姜末、蒜末炒香，放冬笋丝、木耳丝和胡萝卜丝翻炒，再倒入肉丝翻炒均匀，将味汁沿炒锅内壁倒入锅中，迅速翻炒均匀即可。

·营养贴士· 这道菜有消痰、清热、润肺止咳、散寒解表等功效。

山菇烧五花肉

主料 山菇100克，五花肉、粉条各50克

配料 香菜、葱花、姜片、盐、味精、胡椒粉、花生油、高汤各适量

·操作步骤·

① 将山菇去除沙子及杂物，泡水洗净；粉条用开水泡软，切长段。

② 五花肉切片，在放入了少量花生油的锅中炒出油来，加入葱花、姜片、山菇、胡椒粉、高汤、盐、味精和粉条，炖15分钟，撒上香菜即可。

·营养贴士· 山菇中含有多种氨基酸以及碳水化合物，经常食用可以起到增强人体抵抗力、软化血管的作用。

水煮肉片

主 料 猪里脊肉200克，青菜100克，芹菜适量

配 料 植物油、蛋清、香叶、豆瓣酱、辣椒面、花椒面、姜片、蒜末、葱段、盐、味精、料酒、干淀粉各适量

·操作步骤·

① 猪里脊肉切片，用料酒、蛋清、干淀粉和少量盐抓匀；芹菜洗净切段。

② 起油锅，油温升至七成热时，放入葱段、姜片、蒜末爆香，放入香叶、豆瓣酱炒香，加水和适量的盐煮开。

③ 将青菜、芹菜放入锅中焯烫片刻捞出装入盆中。另起锅，放水煮沸，将里脊肉一片一片地放入锅中烫熟，捞入盆中，锅中汤汁加味精调味倒入盆中。

④ 将辣椒面和花椒面撒在肉片上，淋上热油即可。

·营养贴士· 这道菜具有滋阴、补肾、润燥、护目、增强免疫力等作用。

·操作要领· 这道菜主要靠最后一个步骤提香，淋热油的时候一定要注意将热油淋在辣椒面和花椒面上。

干豆角蒸肉

主 料 新鲜猪肉300克，干豆角100克，青椒圈、红椒圈各少许

配 料 油、盐、辣椒粉、蚝油各适量，鸡精少许

·操作步骤·

① 将猪肉切厚片，用盐和蚝油抓匀备用。

② 将干豆角用凉水稍泡，然后捞出切成2～3厘米长的段。

③ 坐锅热油，下干豆角炒至五成熟盛至碗中，撒辣椒粉拌匀，再将猪肉盖到干豆角上，淋适量水。

④ 将碗放入锅中隔水蒸30分钟，吃前撒鸡精、青椒圈、红椒圈拌匀即可。

·营养贴士· 干豆角里含有大量的维生素B，可以起到调理肠胃、促进肠胃蠕动、帮助肠胃消化等作用。

回锅肉

主 料 五花肉300克，青蒜苗50克，青椒、红椒各1个

配 料 姜片、香叶、郫县豆瓣酱、料酒、植物油、盐、蒜末、味精各适量

·操作步骤·

① 青蒜苗洗净切段；青椒、红椒洗净去蒂切片。

② 锅中放水，加入姜片、香叶，烧开，将五花肉放入锅中，煮至六成熟时，捞出切片。

③ 炒锅中放油烧热，放入姜片、蒜末、郫县豆瓣酱，用中火炒香，倒入肉片，加少许盐和料酒，炒至肥肉部分打卷。

④ 放入青蒜苗和青椒片、红椒片，加少许盐，转大火翻炒至熟，撒上味精即可。

·营养贴士· 这道菜有滋阴补肾、抗氧化、抗衰老、防癌抗癌等功效。

虾酱肉末芸豆

主 料 芸豆300克，五花肉150克，鸡蛋3个

配 料 鲜虾酱75克，盐、酱油、鲜汤、料酒、红椒末、葱末、姜末、食用油各适量

·操作步骤·

① 芸豆择洗净，用开水烫一下，捞出切成丁；五花肉切末；鸡蛋打入碗内，加入鲜虾酱拌匀。

② 锅内注食用油烧热，倒入鸡蛋液和鲜虾酱炒熟，盛入碗内待用。

③ 净锅注食用油烧热，放入红椒末、葱末、姜末爆香，加入肉末、酱油、料酒煸炒至熟，再加入芸豆丁、炒熟的鸡蛋液和鲜虾酱以及适量鲜汤，用慢火煨透，加适量盐翻炒均匀即可。

·营养贴士· 芸豆中含有丰富的胡萝卜素、皂苷、尿毒酶等，可以促进肌肤新陈代谢、提高免疫力、增强抗病能力。

·操作要领· 芸豆一定要去掉老筋，否则吃进肚子不易消化。

腊肉炒山药

主 料 腊肉（生）75 克，山药 350 克

配 料 姜丝 5 克，料酒 5 克，植物油 20 克，盐 3 克，味精 2 克，葱花适量

·操作步骤·

① 山药去皮切长条，用开水焯熟；腊肉蒸熟切成薄片。

② 炒锅内加植物油烧热，加姜丝炒香，烹入料酒，加入山药翻炒，随后加盐、味精和腊肉片翻炒，撒葱花即可。

·营养贴士· 这道菜有健脾益胃、益肾固精、降低血糖等作用。

野山笋烧花肉

主 料 野山笋、五花肉各适量

配 料 姜片、盐、生抽、老抽、香醋、鸡粉、油、香葱各适量

·操作步骤·

① 将野山笋笋头老的一部分去除，放入滚水中焯至断生，捞出切片；五花肉切片；香葱切段。

② 锅里放少许油，小火将五花肉煸干，然后将肉推至一边，放入姜片爆香。

③ 加入适量的清水，放入野山笋，调入盐、生抽、鸡粉，烧煮约 2 分钟使笋入味，最后放入少许香醋、老抽炒匀，放入葱段即可。

·营养贴士· 野山笋中含有丰富的蛋白质、脂肪、氨基酸，有清热化痰、益气和胃等功效。

湘西酸肉

主 料 肥猪肉750克，玉米粉100克，蒜苗段25克

配 料 干辣椒末15克，花生油50克，精盐30克，花椒粉7克，肉清汤200克

·操作步骤·

① 将肥猪肉烙毛后刮洗干净，滤去水分切成7厘米长、15厘米宽的大块，用精盐(一半)、花椒粉腌5小时，再加玉米粉和剩下的精盐与猪肉拌匀，盛入密封的坛内，腌15天即成酸肉。

② 将黏附在酸肉上的玉米粉放在瓷盘里，酸肉切成5厘米长、3厘米宽、0.7厘米厚的片。

③ 炒锅置旺火上，放入花生油烧至六成热，放入酸肉、干辣椒末煸炒2分钟，酸肉渗出油后，用手勺扒到锅边，下玉米粉炒成黄色，再与酸肉合并。

④ 倒入肉清汤，焖2分钟，待汤汁稍干，放入蒜苗段炒几下即可。

·营养贴士· 这道菜具有护肤、杀菌、驱虫、抗氧化、预防冠心病等功效。

·操作要领· 煸炒时要不断地转勺、翻锅，这样不仅可以防止粘锅，还可以防止菜上色不匀。

青蒜肉丝

主 料 猪瘦肉 200 克，青蒜 100 克

配 料 盐 10 克，味精 5 克，料酒、猪油各 8 克，淀粉 4 克

·操作步骤·

① 将淀粉放碗内加水调出 8 克湿淀粉备用。

② 将猪瘦肉切成 3 厘米长细丝，加少许盐、湿淀粉拌匀；青蒜洗净，切成 3 厘米长的段。

③ 料酒、盐、味精、湿淀粉调成汁。

④ 将炒锅加油烧热，把肉丝放进炒锅内炒散，放青蒜稍炒，烹入调好的汁，翻炒片刻装盘即可。

·营养贴士· 这道菜中含有大量的蛋白质、胡萝卜素、硫胺素等，可以起到驱寒、散肿痛、健脾胃等作用。

青椒里脊

主 料 猪里脊肉 200 克，青椒 150 克，鸡蛋清 60 克

配 料 香油 5 克，盐 3 克，味精 2 克，料酒 10 克，花生油适量，淀粉少许

·操作步骤·

① 猪里脊肉洗净切薄片，放入碗内，加盐、味精、鸡蛋清、淀粉，拌匀上浆；青椒切片。

② 炒锅上火，放入花生油，烧至四成热，下里脊片滑熟，捞出沥油。

③ 原锅留少许油置火上，下青椒片煸炒至变色，加料酒、盐和 40 克清水烧沸，倒入里脊片，淋香油，盛入盘内即成。

·营养贴士· 这道菜里含有丰富的蛋白质、维生素 C 和钙，具有开胃、消食、驱寒等作用。

蒜香排骨

主 料 排骨 750 克

配 料 盐 8 克，葱末 10 克，大蒜 1 头，生抽 5 克，花椒粉、姜粉各 2 克，料酒少许，淀粉、植物油各适量

·操作步骤·

① 排骨切成 5 厘米长的段，洗净在清水中泡 30 分钟，捞出控净水。

② 大蒜去皮放少许水用搅拌器打成泥状，然后和葱末、姜粉、花椒粉、料酒、生抽、盐、淀粉一起拌入排骨中，腌 2 小时以上。

③ 锅烧热倒入植物油，烧到三成热，放入排骨，中小火炸 3 分钟，慢慢浸熟，捞出。

④ 大火再将油烧至八成热，放排骨炸 30 秒，排骨颜色呈柿红色时捞出控油即可。

·营养贴士· 排骨可以补充人体需要的脂肪酸和蛋白质，可以起到养血、扩张血管、维持皮肤健康等作用。

·操作要领· 排骨要选择粉红色、有一股腥味的，这样的排骨最好。

荷叶排骨

主 料 猪小排 370 克，蒸肉粉 1 碗

配 料 荷叶 2 大张，盐、辣豆瓣酱各 15 克，酒 45 克，甜面酱 30 克，白砂糖 5 克，花生油 5 克，酱油适量，香葱少许

·操作步骤·

① 猪排骨切成 5 厘米长的段，用盐、酱油、酒腌 3 小时。

② 荷叶除去硬梗，分成 6 小张，用沸水浸软备用。

③ 将蒸肉粉、辣豆瓣酱、甜面酱、白砂糖、花生油混合拌匀，再放入腌好的排骨，搅拌均匀备用。

④ 一小张荷叶包一段排骨，包好后置于盘中，入笼用大火蒸 2 ~ 3 小时， 蒸熟取出摆盘，撒些香葱即可。

·营养贴士· 这道菜有补肾、益气、润燥等功效。

粉蒸排骨

主 料 肋排 700 克，大米 100 克

配 料 八角 1 粒，红椒 1 个，腐乳汁、老抽、蚝油、白酒各 15 克，盐 3 克，糖 5 克，姜片、花椒、葱花各适量

·操作步骤·

① 肋排洗净，沥干水分，加白酒、姜片腌渍 15 分钟，拣出姜片，加腐乳汁、老抽、蚝油、糖、盐拌匀，继续腌渍。

② 大米淘好晾干，放入炒锅中，不加油不加水，再放入八角、花椒、红椒，小火翻炒至大米微黄，全部放入料理机中打成颗粒状米碎。

③ 将米碎倒入肋排中拌匀，使肋排表面均匀裹上米碎，然后将肋排放入高压锅中蒸 30 分钟，取出，撒上葱花即可。

·营养贴士· 这道菜中含有丰富的蛋白质、碳水化合物、B 族维生素等，可以起到助消化、维持黏膜健康等作用。

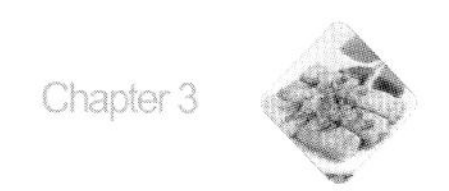

红烧排骨

主料 排骨500克，青菜心50克

配料 葱白1根，香叶2片，姜3片，蒜4瓣，桂皮1块，八角1粒，植物油、酱油各15克，盐5克，冰糖35克，黄酒60克

·操作步骤·

① 排骨洗净剁块，焯水备用；冰糖敲碎；葱白洗净切段；蒜拍碎；青菜心洗净。

② 锅里放少量植物油，放入冰糖，用小火慢慢熬，熬到糖的焦香散发出来，颜色变成浅褐色即可。

③ 倒入焯过水的排骨一起翻炒，倒入少许酱油上色。

④ 放入八角、香叶、桂皮、姜片、葱段、蒜碎，倒入半碗黄酒，加开水没过排骨。

⑤ 盖上锅盖炖40分钟。

⑥ 汤汁还有1/3时，放入青菜心，煮沸后加盐，中火收汁即可。

·营养贴士· 这道菜里含有丰富的磷酸钙、骨胶原等物质，可以起到补钙、壮阳、补血等作用。

·操作要领· 炖排骨一定要用小火，否则会使排骨变老。

竹荪炖排骨

主料 排骨、竹荪、山药各适量

配料 姜片、葱段、盐、黄酒、料酒各适量

·操作步骤·

① 排骨用加了姜片、料酒、葱段的水飞过；竹荪用清水冲洗后再用温水浸泡30分钟；山药去皮切滚刀块，用淡盐水泡上备用。

② 汤煲一次加足水，放入排骨，大火烧开后撇去浮沫，加姜片、葱段、黄酒烧开后，转中小火煲1小时左右。

③ 将泡好的竹荪与山药一起倒入汤锅，中火煲20分钟，加盐调味即可。

·营养贴士· 这道菜有润肺止咳、补气养阴、益气补脑、养血健骨等功效。

葱煸牛肉

主料 牛肉（瘦）400克，大葱150克

配料 姜末5克，蒜末10克，白砂糖20克，酱油20克，盐3克，料酒15克，香油25克，植物油适量

·操作步骤·

① 牛肉去筋，洗净，切成薄片放入碗中，碗内加入酱油、盐、白砂糖、姜末、蒜末、料酒、香油拌匀备用；葱去皮、根，切片备用。

② 炒锅上火，放入植物油烧热，放入调好的肉片，煸炒至肉发白，放入葱片，再煸炒至肉熟，至肉和葱汁干，淋入香油即成。

·营养贴士· 这道菜里含有丰富的肌氨酸，而肌氨酸是肌肉燃料之源，可以起到增长肌肉、增强力量的作用。

干锅牛肉片

主 料 牛肉200克，辣椒3个，白萝卜1根

配 料 辣椒酱、姜、蒜、食用油、食盐、味精各适量

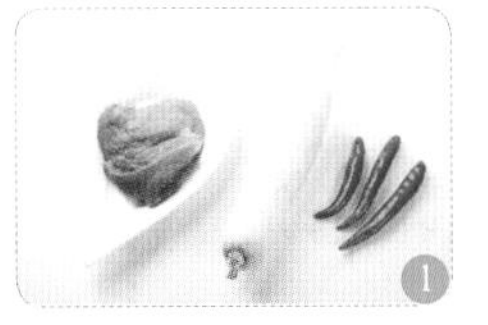

准备所需主材料。

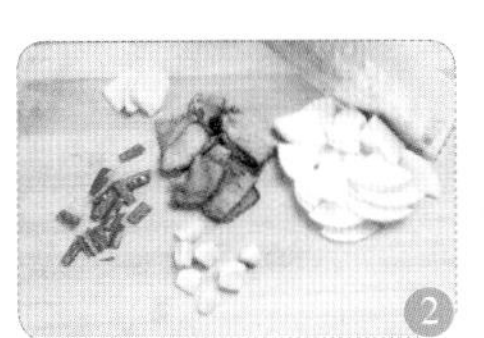

将牛肉煮熟后切片；将辣椒切段；将蒜切块；将姜、白萝卜均切片。

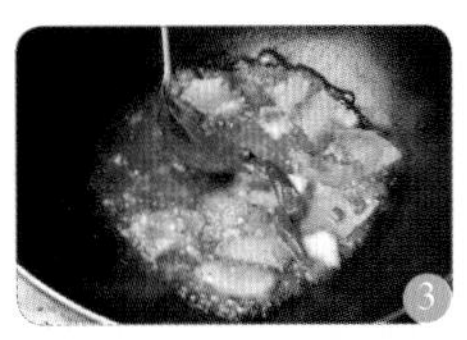

锅内放入食用油，油熟后放入辣椒段、辣椒酱爆香，然后放入牛肉片翻炒均匀。

向锅内放入白萝卜、姜、蒜翻炒，至熟后加入食盐、味精调味。

营养贴士：萝卜中含有大量的维生素、钾、钙等，可以起到帮助消化、促进吸收等作用，有“小人参”的美称。

操作要领：牛肉片不要切太薄，否则吃起来没有嚼劲，而且吃着不过瘾。

扒牛肉条

主料 牛肉 500 克

配料 葱段、姜片各 10 克，八角 5 克，酱油、绍酒各 15 克，精盐 20 克，芝麻油 6 克，葱花、淀粉各少许

·操作步骤·

① 将整块牛肉入开水焯一下，然后另起锅，添入清水，加入葱段、姜片和牛肉，用大火煮沸，撇去浮沫后转小火焖煮，时间为 2 ~ 3 小时。

② 将熟牛肉切成长条，摆放到盘中，加入绍酒、酱油、精盐、八角、葱段、姜片和煮牛肉的原汤，上锅蒸约 20 分钟。

③ 锅中倒入蒸牛肉的汤汁，大火煮沸，再用淀粉勾芡，淋上芝麻油后浇在牛肉上，用葱花点缀即可。

·营养贴士· 牛肉中含有充足的维生素 B_6，可以增强抵抗力，促进蛋白质的新陈代谢。

红椒牛肉丝

主料 牛里脊肉、红椒、香芹各适量

配料 生抽、料酒、姜丝、胡椒粉、魔厨高汤、干淀粉、植物油各适量

·操作步骤·

① 牛里脊肉切丝，加入生抽、料酒、姜丝、胡椒粉、魔厨高汤、干淀粉调匀，腌渍入味；红椒洗净切丝；香芹洗净切段。

② 牛肉下热油锅内滑油取出。

③ 锅留底油，炒香红椒丝，下芹菜段翻炒，再下牛肉丝炒匀即可。

·营养贴士· 这道菜中含有丰富的蛋白质、氨基酸。

爆炒牛肉

主　料 牛通脊肉 240 克，香菇小许

配　料 大葱 1 根，蒜片、姜末、料酒、白胡椒粉、生抽、蚝油、十三香（或五香粉）、湿淀粉、食用油、盐、味精各适量，熟芝麻少许

·操作步骤·

① 牛肉冲洗干净，切成薄片，用适量的料酒、十三香、生抽、蚝油、白胡椒粉、湿淀粉、食用油腌渍 20 分钟入味解腥；大葱少许切葱花，剩余的切葱段；香菇洗净，切成片。

② 锅中倒少许油爆香葱花和蒜片、姜末，放入腌好的肉片，迅速煸炒至变色，放入葱段、香菇片翻炒，加盐、味精、熟芝麻，翻炒均匀后出锅。

·营养贴士· 这道菜有降逆止呕、化痰止咳、补脾胃、强筋骨等作用。

·操作要领· 煸炒牛肉一定要开大火快炒，这样炒出来的牛肉口感才好。

菠萝牛肉

主料 嫩牛肉250克，菠萝1个，木耳少许

配料 植物油、料酒、酱油、白糖、淀粉、精盐各适量，葱白少许

·操作步骤·

① 嫩牛肉切片，用料酒、酱油、白糖、淀粉略腌20分钟；木耳泡发洗净，撕成小朵。

② 菠萝切片；葱白切花备用。

③ 锅入植物油烧热，放入葱花爆香，放入牛肉、木耳爆炒后再放入菠萝，加入酱油、精盐、淀粉，待肉吸汁后即可。

·营养贴士· 这道菜有止泻、利水、消积食、补脾胃等作用。

芝麻牛排

主料 牛里脊肉200克，芝麻100克，鸡蛋黄液60克，小麦面粉10克

配料 植物油500克（实耗50克），料酒5克，胡椒粉、味精各1克，盐2克

·操作步骤·

① 将牛里脊肉切成3块，用刀背砸成饼状；芝麻洗净控去水分。

② 里脊“饼”上先洒上少许料酒，再均匀地撒胡椒粉、盐、味精，用手拍一拍，然后在其表面先拍上小麦面粉，再按顺序沾上鸡蛋黄液、芝麻后，用手拍实。

③ 锅放油，上旺火，下里脊“饼”炸，牛肉炸呈金黄色时捞出，然后切成条即可。

·营养贴士· 牛肉中含有大量的铁，铁是造血的必要物质，所以对缺铁性贫血患者非常有益。

川酱卤牛腱

主料 牛腱子肉2000克

配料 冰糖50克，生抽200克，精盐25克，料酒10克，葱段20克，姜片15克，香料包1个（内装桂皮、花椒各10克，大料、香叶各5克，草果4颗），大蒜、红辣椒、鸡精、醋各适量

·操作步骤·

① 将牛腱子肉切成大块，放入清水中浸泡，洗净备用；大蒜拍碎，红辣椒洗净切末，放入碗中，放入盐、鸡精、醋调汁备用。

② 锅内放清水4000克，放入牛腱子肉，加热烧沸，烫透时捞出。

③ 锅内放入适量清水，加冰糖、生抽、精盐、料酒、葱段、姜片和香料包，烧开后再煮10分钟，再将烫好的牛腱子肉放入锅内，用小火煮至酥烂，捞出切片装盘，倒入调好的汁即可。

·营养贴士· 这道菜里含有大量的肉毒碱，可以促进脂肪的新陈代谢。

·操作要领· 做好后，最好过几个小时再吃，因为这样可以确保牛肉入味。

烹炒凤尾腰花

主料 猪腰500克，蒜苗100克，泡红椒2个

配料 蒜2瓣，植物油、盐、鸡精、醋、酱油各适量

·操作步骤·

① 猪腰洗干净，切花刀，再切小片；泡红椒切片；蒜苗切小段；蒜瓣拍后切碎。

② 腰花下热油锅炒至七八成熟，捞起。

③ 锅内留底油，烧热后，将泡椒片、碎蒜瓣和蒜苗段一起下锅爆香，加少许盐，将之前炒过的腰花倒入一起炒，加入适量盐、鸡精、酱油、醋，翻炒均匀，出锅即可。

·营养贴士· 猪腰中含有丰富的蛋白质、脂肪、碳水化合物、维生素以及钙、磷、铁等矿物质。

山椒耳片

主料 猪耳150克，红甜椒、黄甜椒各10克

配料 泡山椒30克，花椒10克，米醋25克，盐80克，味精30克，柠檬2片

·操作步骤·

① 将红甜椒、黄甜椒切片，用少许盐腌渍。

② 将猪耳切片，放入清水中浸泡1小时，飞水后冲洗，冷却。

③ 将米醋、泡山椒、盐、味精、花椒调成泡汁，放入红甜椒片、黄甜椒片和飞好水的猪耳片，封口泡24小时后取出装盘，放入柠檬片即可。

·营养贴士· 猪耳中含有大量的蛋白质、脂肪、碳水化合物等，可以起到补虚损、健脾胃的作用。

红油猪耳

主 料 卤猪耳300克，青椒、红椒、葱白各50克

配 料 辣椒油30克，食盐5克，鸡精3克，生抽、白糖、香醋、花椒粉各适量，香菜少许

·操作步骤·

① 卤猪耳、青椒、红椒、葱白分别洗净切丝；香菜洗净切段。

② 拿一个小碗，依次放入辣椒油、花椒粉、食盐、鸡精、生抽、香醋、白糖拌匀，调成红油。

③ 再将猪耳丝、青椒丝、红椒丝、葱白丝、香菜段放入盘中，倒入红油拌匀即可。

·营养贴士· 这道菜中含有大量的维生素及钙、磷、铁等矿物质，尤其适合气血虚损、身体瘦弱的人食用。

·操作要领· 猪耳要尽量切得细一点，以使其更加入味。

猪耳拌黄瓜

主料 猪耳朵（熟）200克，黄瓜100克，黑木耳少许

配料 鸡精、食盐、白糖各5克，植物油6克，香醋、生抽、葱、姜、蒜各适量

·操作步骤·

① 黑木耳用冷水泡发后，剪去根蒂，撕成小朵，锅中放清水烧开后，入黑木耳氽烫3分钟捞出；黄瓜去皮切菱形块，备用。

② 猪耳朵切片，葱、姜、蒜分别切末，放小碗里，植物油烧热后浇在上面烹出香味，加入适量生抽、食盐、鸡精、香醋、白糖调成味汁。

③ 将黄瓜摆在盘边，作为装饰，将黑木耳与猪耳朵一起倒入盘中间，将味汁倒入，拌匀即可。

·营养贴士· 黑木耳可以维护细胞的正常代谢，具有延缓衰老的作用。

四川炒猪肝

主料 猪肝500克，洋葱200克

配料 干辣椒、花椒、红油、姜、蒜、盐、味精、植物油各适量

·操作步骤·

① 猪肝在水龙头下反复冲洗至没有血水，然后在清水中泡30分钟，取出切成片状，再用水反复冲洗至没有血水后投入沸水中，1～2分钟后用漏勺捞起，用凉水冲凉沥干待用。

② 洋葱洗净剥去外皮，切成粗丝；干辣椒切碎；姜、蒜分别切末。

③ 锅倒植物油烧热，放入姜末、蒜末、花椒、干辣椒炒香，放入猪肝爆炒，加入洋葱翻炒至八成熟时，加入盐、味精、红油，翻炒至熟即可。

·营养贴士· 猪肝中含有大量维生素A，可以维持人身体的正常生理机能。

苦瓜炒肚丝

主 料 猪肚300克，苦瓜2根，红椒1个

配 料 大蒜10克，植物油、酱油、醋、白糖、盐、香油、葱白丝各适量

·操作步骤·

① 猪肚洗净，用开水汆烫，捞出晾凉，切丝备用；苦瓜去皮切条；红椒切丝；大蒜切末。

② 锅中加植物油，油热后放入蒜末和葱白丝爆香，倒入猪肚爆炒片刻，加入苦瓜、红椒丝翻炒，加入盐、白糖、酱油、醋调味，炒熟淋上香油即可。

·营养贴士· 这道菜有养血益气、清热消暑、滋肝明目等作用。

·操作要领· 洗猪肚时，先将内部翻出，加1大匙盐搓揉，用水洗净后，再加入面粉搓揉清洗。

山药炖羊排

主料 羊排500克，山药1根，胡萝卜适量

配料 莲子、枸杞、当归、生姜、甘草、山楂、盐、胡椒粉、醋各适量

·操作步骤·

① 羊排洗净，切成块；莲子泡发，去芯；胡萝卜切片；姜切片；山药去皮切块。

② 锅内加水，烧开后放入羊排，焯去血水，去油沫，捞出备用。

③ 再烧一锅水，水热后放入羊排、山药、胡萝卜、莲子、枸杞、当归、甘草、山楂、姜片，倒入1匙醋。

④ 大火煮开后转小火，炖1小时后加入盐，再炖15分钟左右，起锅倒入胡椒粉即可。

·营养贴士· 这道菜有止泻、补肺、养肝明目、化痰止咳等作用。

干炒猪肉丝

主料 猪瘦肉300克，芹菜80克，豆腐干70克

配料 菜油50克，干辣椒15克，辣椒酱30克，姜丝15克，蒜丝10克，盐、酱油、花椒粉各适量

·操作步骤·

① 芹菜切成5厘米长的段，用少许盐拌匀，腌5分钟，冲水，沥干；豆腐干、猪瘦肉均切成5厘米长的丝，肉丝加盐及酱油拌匀。

② 炒锅置火上，放入菜油烧至五成热，加干辣椒炒1分钟铲出干辣椒。

③ 待锅内油热至七成，加入辣椒酱、姜丝、蒜丝炒30秒后，加入肉丝炒约6分钟，加豆腐干炒5分钟，加芹菜再炒2分钟，加少许酱油炒匀起锅装盘，撒上花椒粉即成。

·营养贴士· 这道菜有滋阴补肾、促进消化等作用。

蒜烧牛腩

主料 牛腩300克，蒜50克，洋葱1个

配料 水淀粉、食用油、食盐、味精各适量，红辣椒圈少许

准备所需主材料。

将牛腩切成丁；洋葱切成丁。

将锅内放入食用油，把牛腩放入锅内翻炒至熟。

向锅内放入大蒜和洋葱，翻炒一会儿，至熟后放入水淀粉勾芡，最后放入食盐、味精调味，装盘后可撒上几粒红辣椒圈做装饰即可。

营养贴士：牛腩中含有的氨基酸更适合人体吸收，可以提高人体的免疫力。

操作要领：牛腩可以事先用开水焯一下，这样可以去除牛腩中的腥味。

热炒百叶

主料 牛百叶 500 克，西芹、松仁各适量

配料 食盐、醋、味精、植物油、辣椒油各少许

·操作步骤·

① 西芹切段备用；洗好的牛百叶切条备用。

② 锅内倒植物油烧至七成热，倒入牛百叶翻炒，加入醋调味。

③ 倒入切好的西芹继续翻炒几下，加入适量的盐、味精、辣椒油调味，最后撒上松仁即可。

·营养贴士· 牛百叶富含蛋白质、脂肪以及钙、磷、铁等矿物质，可以起到补益脾胃、补气养血的作用。

夫妻肺片

主料 牛肉、牛舌、牛头皮各 100 克，牛心 150 克，牛肚 200 克，芝麻、熟花生米、芹菜各适量

配料 香料（八角、沙姜、小茴香、草果、桂皮、丁香、生姜）、盐、红油辣椒、花椒面、味精各适量

·操作步骤·

① 将牛肉切成块，与牛舌、牛心、牛头皮、牛肚一起漂洗干净，用香料、盐、花椒面等各种调料卤制，先用猛火烧开后转小火，卤制到肉料粑而不烂，捞起晾凉，切成大薄片，备用。

② 将芹菜洗净，切成半厘米长的段；芝麻炒熟和熟花生米一起压成末备用。

③ 盘中放入切好的牛肉、牛杂，再加入卤牛肉和牛杂的汁、味精、花椒面、红油辣椒、芝麻花生米末和芹菜，拌匀即成。

·营养贴士· 这道菜具有强心安神、抗衰老、健脑等功效。

白辣椒炒脆牛肚

主料 牛肚250克，白辣椒100克，红辣椒适量

配料 精盐3克，大料2粒，料酒、香油各20克，葱、姜各5克，植物油、味精、花椒各适量

·操作步骤·

① 姜洗净，一半切成丝，一半切成片；葱切成段；红辣椒洗净切段；白辣椒洗净切成条。

② 将牛肚泡洗干净，撕去肚油，用开水汆煮一下捞出，并用净水洗去杂质。置水锅，内加大料、花椒、姜片、葱段，煮开后用小火煨烂，捞出牛肚用凉水泡洗，切成细丝。

③ 炒锅上火，加入植物油烧热，入姜丝爆香，放入肚丝，烹入料酒，加精盐、味精快速煸炒，再放红辣椒、白辣椒快速煸炒几下，淋香油，出锅盛盘。

·营养贴士· 牛肚味甘、性平，含有大量的蛋白质、钙、磷等营养物质，有补肾虚、益脾胃的作用。

·操作要领· 挑选牛肚的时候要选颜色发黄的，如果太白可能是用双氧水泡过的。

孜然羊肉片

主 料 羊肉片、葱花各适量

配 料 姜丝、干辣椒、花椒、植物油、孜然、料酒、生抽、盐各适量

·操作步骤·

① 炒锅倒油，放入干辣椒、花椒小火煸炒出香味后捞出，然后放入姜丝炒香，再放入羊肉片煸炒。

② 炒至稍变色，加入料酒和少许生抽，大火煸炒至羊肉片断生。

③ 撒入孜然、少许盐调味，放入葱花，略翻炒均匀即可。

·营养贴士· 这道菜有止咳平喘、补肾壮阳、扩张血管等作用。

当归山药炖羊肉

主 料 羊肉（肥瘦）600 克，山药 200 克

配 料 枸杞子适量，姜片 15 克，盐 5 克，味精 3 克，胡椒粉 2 克，当归 50 克

·操作步骤·

① 羊肉切块，焯水；山药去皮，切滚刀块，焯水。

② 将羊肉、当归、姜片、枸杞子入炖锅内，小火炖 30 分钟，再加山药，炖至山药熟透，最后用盐、味精、胡椒粉调味即可。

·营养贴士· 当归性温，可以起到活血补血、调经止痛、抗辐射损伤等作用。

罗汉肚

主料 猪肚、猪肉、猪肘各500克，猪肉皮250克，冬笋100克，口蘑50克

配料 八角20克，葱、姜各30克，料酒、酱油、醋各50克，花椒、五香粉各10克，桂皮15克，盐30克，白糖25克，味精6克，鸡汤适量

·操作步骤·

① 葱切段；姜、口蘑切片；冬笋洗净切段，猪肚去油脂，洗净黏液，沥干后用盐、葱、姜和花椒拌匀腌好；刮净肘头和肉皮上的毛，放入开水烫透，捞出洗净。

② 锅中放鸡汤，加葱、姜、八角、桂皮、料酒、醋、白糖和盐，放猪肉、猪肘、肉皮煮开，去浮沫，小火炖至八成熟捞出晾凉，肉、肘切片，肉皮切丝。

③ 冬笋、口蘑片、猪肉片、肘片、肉皮丝放入盆中，加葱、姜、味精、五香粉拌匀，装入猪肚，用竹签封口，放入开水中煮一下。

④ 原煮锅加水、酱油，放入猪肚煮熟，捞出沥干，压扁晾凉后拆去竹签切片即可。

·营养贴士· 猪肚味甘、性微温，可以补虚损，健脾胃。

·操作要领· 在煮猪肚的时候一定要时不时地用针在猪肚上扎小洞，否则猪肚容易破。

白菜粉丝炖驴肉

主料 白菜350克，粉丝300克，净熟驴肉500克

配料 鸡汤、绍酒、精盐、味精各适量

·操作步骤·

① 白菜、粉丝焯水后垫在砂锅底。

② 驴肉切成块摆在白菜、粉丝上，再加入鸡汤、绍酒炖至驴肉酥烂，用精盐、味精调味即成。

·营养贴士· 驴肉是一种高蛋白、高氨基酸、低脂肪、低胆固醇的肉，尤其适合高血压和动脉硬化患者食用。

锅仔金菇羊杂

主料 熟羊肚、熟羊肺、熟羊肝、熟羊头肉各150克，鲜金针菇100克

配料 干辣椒6个，葱末、姜末各5克，红油豆瓣10克，豆豉20克，高汤500克，火锅底料1/4袋，盐、味精、鸡精、花生油各适量，香菜少许

·操作步骤·

① 羊肚、羊肝、羊肺、羊头肉分别切0.3厘米厚的片；金针菇洗净；香菜洗净切段。

② 锅放底油烧至四成热，放入红油豆瓣、干辣椒、葱末、姜末、豆豉及火锅底料，大火炒香后再放入羊杂煸炒2分钟，加入高汤及盐、味精、鸡精调味，大火烧开后盛入锅仔中。

③ 将锅仔带火上桌，上桌时将鲜金针菇立放于锅中，撒上香菜即可。

·营养贴士· 鲜羊内脏中含有大量的蛋白质、脂肪以及铁、磷、钙等矿物质，可以起到补肝肾、健脾胃、增强机体免疫力等作用。

奇香羊排

主 料 羊排400克，芹菜适量

配 料 青椒、红椒各1个，植物油、酱油、料酒、盐、白糖、花椒粉、辣椒粉、鸡精、干豆豉碎、干辣椒段、熟芝麻各适量

·操作步骤·

① 把羊排用沸水氽烫以煮出脏物，捞出后用酱油、料酒、花椒粉、辣椒粉、鸡精腌渍30分钟；芹菜洗净切段；青椒、红椒分别洗净切片。

② 锅烧热后用旺火将足量植物油烧热，然后关火冷却到七成热后，放入羊排，炸至金黄，再把火力开大，炸2分钟，炸到内部熟透即可。

③ 锅中留少许植物油，放入干豆豉碎、干辣椒段和青椒片、红椒片、芹菜段炒香，倒入炸好的羊排块，调入盐和白糖，炒均匀出锅，撒上熟芝麻即可。

·营养贴士· 羊排营养丰富，对缓解肺结核、支气管炎、哮喘等病症有一定作用。

·操作要领· 炸羊排的时候注意把握火候，否则容易使羊排外焦里生。

鱼香兔丝

主 料 兔肉 500 克

配 料 白糖 5 克，郫县豆瓣酱、盐、生抽、老抽、蚝油、醋、姜、蒜、植物油、干淀粉各适量，麻油少许，葱花适量

·操作步骤·

① 盐、干淀粉、生抽、老抽、蚝油、醋、白糖、麻油加适量水调成汁备用；兔肉切成条，放入盐水中浸泡 10 分钟，捞出沥干水分，撒一些干淀粉拌匀；姜、蒜分别切末。

② 锅中放入适量植物油，烧至七成热，放入兔肉炸至金黄捞出。

③ 锅内留少许底油，放入姜末、蒜末爆香后，加郫县豆瓣酱翻炒，放入炸好的兔肉一同翻炒，最后倒入调好的调味汁翻炒均匀，撒上葱花点缀即可。

·营养贴士· 这道菜有清热解毒、美容养颜等作用。

·操作要领· 兔肉要用小火炸，方可炸得外酥里嫩。

豆豉拌兔丁

主 料 兔肉 500 克，炸花生仁 15 克

配 料 盐 25 克，白砂糖、醋、辣椒油、豆瓣、豆豉、芝麻酱、大蒜、味精、香油各 8 克，花椒粉、胡椒粉各 10 克，姜、葱各 5 克，酱油适量

·操作步骤·

① 葱洗净切段；姜洗净切丝；大蒜捣成泥；兔肉用清水洗泡。

② 将洗净的兔肉放入锅内，加清水烧开，去浮沫，加姜丝、葱段，转小火煮熟后捞出晾凉。

③ 将兔肉去骨，切成 1.2 厘米见方的丁，装入盆内，加盐拌匀，再加入酱油、白糖、醋、胡椒粉、辣椒油、豆瓣、豆豉、芝麻酱、蒜泥、花椒粉、味精、香油、葱段、炸花生仁拌匀即可。

·营养贴士· 这道菜中含有大量的不饱和脂肪酸，经常吃兔肉，可以起到强身健体的作用。

·操作要领· 兔肉要趁热去骨，否则凉后很难除去。

冰糖兔丁

主 料 兔肉 250 克

配 料 冰糖若干块，盐、料酒、姜、葱、香油各适量

·操作步骤·

① 鲜兔肉洗净，切成 2.5 厘米见方的肉丁，用盐、料酒、姜、葱腌渍入味。

② 将腌渍后的肉丁放入七成热的油锅中炸至呈黄色时捞出。

③ 锅中留底油，放入碎冰糖炒成浅黄色，加清水、盐烧开，下肉丁，中火收汁，收完汁后，起锅淋香油。

④ 晾凉后点缀几块冰糖，摆盘即可。

·营养贴士· 兔肉属于高蛋白质、低脂肪、低胆固醇的肉类，它有“荤中之素”的说法。

·操作要领· 不要将兔丁炸得太干，以免影响口感。

Chapter 4
爽口禽蛋下饭菜

雪耳灵芝炖乌鸡

主 料 净乌鸡1只（约600克），水发雪耳100克，灵芝1个

配 料 枸杞子15克，冰糖50克，精盐2克

·操作步骤·

① 净乌鸡斩件备用；水发雪耳撕朵；灵芝切片。

② 将锅内放清水，放入灵芝、雪耳、冰糖煮开。

③ 放入净乌鸡煮开，撇净浮沫，炖至熟烂。

④ 放入枸杞子、精盐略炖，装碗即成。

·营养贴士· 乌鸡性平、味甘，可以起到补肝益肾、健脾止泻、提高生理机能、防治骨质疏松等作用。

山药胡萝卜鸡汤

主 料 鸡肉200克，山药、胡萝卜各50克，白萝卜丝各适量

配 料 盐、料酒、鸡精、香菜叶各适量

·操作步骤·

① 将鸡肉洗净切块，并在沸水里焯一下捞出；山药、胡萝卜分别去皮洗净，切成滚刀块。

② 锅置火上，倒入水烧开，放入鸡肉，加点料酒煮开，煮至鸡肉半熟，放入山药、胡萝卜煮至熟烂。最后，加点盐、鸡精调味，放上白萝卜丝、香菜叶装饰上桌即可。

·营养贴士· 这道菜具有滋阴补燥、增强免疫力等作用。

蕨菜炖鸡

主 料 土仔鸡半只，干蕨菜 150 克

配 料 生姜 1 块，盐、味精各适量

·操作步骤·

① 将鸡剁成3厘米大小的块，用水淘洗两遍，去除血水；干蕨菜用水发好；生姜拍碎。

② 锅内加水，除了盐和味精外，将其他的材料一起下锅，大火烧开后改中火熬制40分钟，加盐和味精，再炖20分钟即可。

·营养贴士· 蕨菜味甘、微苦，可以起到清热解毒、利湿、滑肠等作用。

·操作要领· 如果喜欢吃辣的，可以放些辣椒，口感更佳。

猴头菇三黄鸡煲

主料 三黄鸡350克，猴头菇100克

配料 姜10克，盐5克，鸡精3克，胡椒粉、枸杞、陈皮各少许

·操作步骤·

① 三黄鸡洗净氽水；猴头菇、枸杞、陈皮洗净备用；姜切片备用。

② 净锅上火，放入清水、三黄鸡、姜片、枸杞、陈皮、猴头菇，大火烧开，转小火炖45分钟，放入盐、鸡精、胡椒粉调味即成。

·营养贴士· 三黄鸡营养丰富，不仅含有丰富的蛋白质，而且含有磷、铁、铜、锌等矿物质，是难得的滋补佳品。

一品酸辣鸡

主料 三黄鸡1只（约750克），香葱5克，红辣椒10克

配料 小米辣椒50克，精盐4克，白酒10克，姜适量，味精、植物油各少许

·操作步骤·

① 将三黄鸡洗净，切成3厘米见方的块；将鸡胗切菊花形；鸡肠用剪刀剪开，洗干净后切段；鸡心、鸡肝切厚片；老姜去皮切片；香葱切段；红辣椒、小米辣椒切圈。

② 将鸡杂放入沸水锅内焯水后过凉，沥干备用。

③ 锅内放底油，烧至六成热时，下姜片爆香，倒入鸡块，烹入白酒，炒干水分，加入500克清水、小米辣椒，旺火烧开，转用小火煨至鸡肉软烂，加入鸡杂、红辣椒圈、精盐、味精调好味，撒香葱段上桌即可。

·营养贴士· 这道菜可以起到解毒、消渴、补精、增强免疫力等作用。

砂锅松蘑鸡

主 料 小鸡半只，松蘑 50 克

配 料 葱段、姜片、生抽、老抽、八角、花椒、桂皮、香叶、盐、白糖、料酒、油各适量，香菜少许

·操作步骤·

① 小鸡剁成块；松蘑提前泡发。

② 锅中放水，水开后放入鸡块，焯水 2 分钟，捞出用温水洗净，沥干水分。

③ 锅中放少许油，油热后放鸡块翻炒，当炒至鸡块发紧，油出来后，放入八角、花椒、桂皮、香叶、葱段、姜片炒香，放生抽、老抽、白糖和料酒翻炒，加入松蘑翻炒。

④ 所有材料转入砂锅，加清水，大火烧开后转中小火慢烧 30 分钟，加入盐调味，再烧一会儿，撒上香菜即可。

·营养贴士· 松蘑中含有铬和多元醇，可以起到强身健体、止痛理气等作用，和小鸡搭配，相得益彰。

·操作要领· 松蘑泡发后要用流动水将泥沙冲洗干净。

脆椒鸡丁

主料 鸡胸脯肉500克

配料 葱段、姜片、脆椒、花雕酒、干淀粉（豌豆）各10克，盐3克，味精2克，花生油30克

·操作步骤·

① 鸡胸脯肉洗净切丁，加盐腌渍入味，拍上干淀粉，放入六七成热的油中，炸至金黄色捞出。

② 锅中留少许油，爆香葱段、姜片，加脆椒、鸡丁及花雕酒、味精，炒匀即可。

·营养贴士· 这道菜中含有大量的优质蛋白质，有增强抵抗力、强身健体等作用。

小鸡炖蘑菇

主料 小鸡750克，蘑菇75克

配料 葱末、姜末、干辣椒、八角、酱油、料酒、盐、糖、植物油各适量

·操作步骤·

① 小鸡洗净，剁成小块；蘑菇用温水泡30分钟。

② 炒锅烧热，倒入少量油，待油热后放入鸡块，翻炒至鸡肉变色；放入葱末、姜末、八角、干辣椒、盐、酱油、糖、料酒，将颜色炒匀。

③ 加入适量水炖10分钟左右，倒入蘑菇，中火炖40分钟左右即可出锅。

·营养贴士· 这道菜可以起到镇痛、镇静、止咳化痰、提高人体免疫力等作用。

辣椒炒鸡丁

主 料 鸡脯肉 200 克，红椒、青椒各 100 克，蛋清适量

配 料 花生油 200 克，精盐、味精各 2 克，酱油 25 克，水淀粉 10 克，料酒 5 克，葱末、姜末各 5 克，花椒油 2 克，清汤适量

·操作步骤·

① 将鸡脯肉切成小丁，用精盐、蛋清、水淀粉拌匀，腌渍片刻；青椒、红椒洗净切成小段。

② 炒锅置中火上，加花生油烧至五成热时放入鸡丁炒散，取出沥油。

③ 炒锅内留底油，烧至六成热时放入葱末、姜末和青椒、红椒煸炒，然后放入酱油、料酒、清汤、鸡丁、味精翻炒，再用水淀粉勾芡，淋花椒油，翻炒均匀，装盘即可。

·营养贴士· 这道菜具有降糖、减肥、开胃、补钙、活血、防癌等功效。

·操作要领· 花椒油最好自己做，先将植物油烧热，然后放进花椒，以小火炸出香味，这样香味更加浓郁。

棒棒鸡丝

主料 鸡胸脯肉 250 克

配料 姜片、大葱、鸡精、生抽、香油、白糖、花椒粉、芝麻酱、辣椒油各适量，熟芝麻少许

·操作步骤·

① 大葱按葱白和葱叶切丝。

② 鸡肉放入锅中，加水（没过鸡肉），加入姜片，大火煮 10 分钟左右，熟后捞起，放入冰水中片刻，捞起沥干，用手撕成细丝，上面放上葱丝。

③ 将白糖、生抽、花椒粉、香油、辣椒油、鸡精放在一个小碗里，搅匀成料汁，淋在鸡肉上，再淋上芝麻酱，撒上熟芝麻即可。

·营养贴士· 鸡肉中含有大量的蛋白质，但脂肪含量较低，因此备受爱美女性的青睐。

酸辣鸡腿丁

主料 鸡腿肉 200 克，熟花生仁 50 克，黄瓜 1 根，蛋清适量

配料 油 50 克，鲜红辣椒 1 个，葱花 5 克，干辣椒 2 个，姜末 2 克，蒜末 3 克，料酒、醋各 15 克，精盐 5 克，花椒、淀粉各适量

·操作步骤·

① 鸡腿肉洗净切丁，用蛋清、淀粉上浆；黄瓜洗净切丁；鲜红辣椒切丁；干辣椒切细长条。

② 锅内放油，烧至四成热，将鸡丁放入滑熟倒出。

③ 锅内留底油，烧热后放入姜末、蒜末、干辣椒煸出香味，倒入切好的鸡肉，淋入料酒、醋，大火翻炒，加入黄瓜、花生仁和鲜红辣椒，放入花椒、精盐一起翻炒，炒 2 分钟左右，撒入葱花拌匀，即可出锅。

·营养贴士· 这道菜可以用来防治月经不调、贫血、虚弱等病症。

土豆辣子鸡

主 料 鸡腿4个，土豆2个，鸡蛋1个

配 料 干辣椒20克，料酒、蒜丁、老抽、淀粉、油、盐、鸡精、糖、老干妈油辣椒酱、豆瓣酱各适量

·操作步骤·

① 鸡腿洗净，剔骨，切成2厘米见方的鸡丁，用料酒、蒜丁、老抽、淀粉、鸡蛋液腌渍30分钟；土豆去皮洗净切丁；干辣椒切段。

② 架起油锅，六成热时下鸡丁，快速翻炒，至颜色微微泛白后捞出，控去多余的油，备用。

③ 土豆丁下油锅直接翻炒，加入豆瓣酱、老干妈油辣椒酱。

④ 放入鸡丁、干辣椒，将锅中食材炒匀，用适量盐、鸡精、糖调味，大火收汁即可。

·营养贴士· 这道菜可以用来防治营养不良、畏寒怕冷、疲劳乏力等病症。

·操作要领· 买来的鸡腿有时表面还有毛没有去干净，可以直接将鸡皮剔去。

芹黄炒鸡条

主 料 鸡腿肉200克，芹黄100克，红辣椒1个

配 料 精盐4克，酱油、醋各5克，绍酒10克，油75克，水芡粉30克，姜丝、鲜汤各适量

·操作步骤·

① 鸡腿肉洗净切条，加入绍酒、精盐、水芡粉拌匀；在空碗中倒入精盐、酱油、醋、绍酒、鲜汤、水芡粉，兑成调味汁备用。

② 红辣椒切丝；芹黄洗净切段。

③ 锅中热油，六成热时倒入鸡条大火炒，炒好后装盘。锅中倒少许油，放入姜丝、芹黄和辣椒丝翻炒，放炒好的鸡条继续炒，烹入调味汁，汤汁收紧时即可出锅。

·营养贴士· 芹菜富含胡萝卜素和维生素，而且还有增强食欲的作用。

水煮鸡蓉菠菜

主 料 菠菜200克，鸡肉100克，鸡蛋清50克

配 料 彩椒50克，胡椒粉、料酒、鸡精、精盐、水淀粉、葱、姜各适量

·操作步骤·

① 葱、姜分别切末；鸡肉打碎做成鸡蓉，加少许葱末、姜末、料酒、精盐、胡椒粉、鸡蛋清备用；彩椒切碎备用。

② 将菠菜洗净，切段，用开水焯熟备用。

③ 坐锅点火，倒适量水，水开后加精盐、鸡精、胡椒粉、料酒、彩椒，用水淀粉勾芡，放入鸡蓉和菠菜，煮熟即可。

·营养贴士· 菠菜中的铁含量和维生素含量都非常高，可以起到补血、促进血糖平衡等作用。

鸡肉蚕豆酥

主料 鸡胸脯肉200克，蚕豆瓣100克，鸡蛋1个，青椒、红椒各20克

配料 植物油30克，精盐、糖、淀粉、葱末、姜末、香油各适量

·操作步骤·

① 将鸡肉洗净切小丁，加鸡蛋、精盐、糖上浆备用；青椒、红椒切丁；蚕豆瓣洗净备用。

② 锅中加水，放入蚕豆瓣烧开捞出。

③ 锅内放入少许植物油烧热，将鸡肉炒散，放入葱末、姜末、青椒丁、红椒丁，加蚕豆瓣烧透，用淀粉勾芡即可。

·营养贴士· 蚕豆中含有大量碳水化合物以及8种人体必需的氨基酸，可以起到调理肺腑的作用。

·操作要领· 菜做成后可以再淋一些香油，使菜的香味更加浓郁。

冬笋炒鸡

主 料 鸡肉（鸡胸肉和去骨鸡腿肉最佳）250克，冬笋150克

配 料 植物油、葱末、姜末、蒜末、红辣椒、老干妈油辣椒、酱油、五香粉、白胡椒粉、糖、盐各适量

·操作步骤·

① 把鸡肉切小块，然后放入老干妈油辣椒、五香粉、酱油、少量白胡椒粉和糖拌匀，腌渍30分钟备用；红辣椒洗净，切成1厘米宽的辣椒圈。

② 把冬笋切片，然后放入滚水中焯熟，水里要提前放入适量的盐。

③ 锅中放植物油，然后放入葱末、姜末、蒜末、红辣椒圈爆出香味，放入腌好的鸡肉，将鸡肉炒至八成熟的时候，放入处理好的冬笋片翻炒，最后放入1大勺老干妈油辣椒炒匀即可。

·营养贴士· 竹笋是一种低糖、低脂的蔬菜，有减肥的作用。

麻辣鸡脖

主 料 鸡脖300克

配 料 辣酱、花椒各10克，葱末、姜末、蒜末各5克，精盐5克，酱油15克，糖、大料、辣椒各20克，植物油50克

·操作步骤·

① 鸡脖用水泡30分钟，捞出控干。

② 锅中放入少许的植物油，放入花椒、辣椒、大料爆香，加入鸡脖煸炒至变色捞出备用。

③ 另起锅，小火把辣酱炒出红油，放入葱末、姜末、蒜末爆香，放入酱油、糖、精盐，加水烧开，倒入鸡脖，烧开转小火至收干汤汁后捞出鸡脖即可。

·营养贴士· 这道菜有降逆止呕、化痰止咳、散寒解表等作用。

鱼香脆鸡排

主料：鸡腿1个，红辣椒2个

配料：淀粉、食用油、鱼香汁（以食盐、酱油、白糖、醋、姜末、蒜末、葱花等调制而成）、鸡蛋各适量

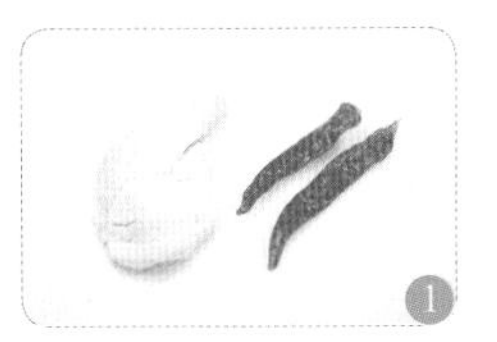

准备所需主材料。

将辣椒切碎；将鸡蛋打散，把鸡腿剔除骨头后，切成肉条，放入蛋液中，加入淀粉拌匀。

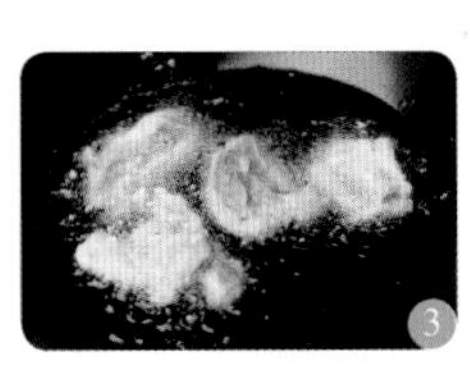

锅内放入食用油，将拌匀的肉条放入热油锅内炸至两面金黄，捞出控油。

把肉条放入盘子中，鱼香汁和辣椒碎拌匀，淋在肉条上即成。

营养贴士：这道菜具有健脑、护肤、润燥、助消化、增强免疫力等功效。

操作要领：炸鸡排的时候要用小火慢炸，否则容易炸糊。

香菇蒸鸡翅

主料 鸡翅500克，香菇75克

配料 黄酒50克，味精2克，精盐5克，胡椒粉1克，鸡汤100毫升，葱段、姜片各适量，香菜少许

·操作步骤·

① 将鸡翅洗净，放入沸水锅内煮熟后捞出，去掉翅尖，剁成两段，去净骨，放入锅内；香菇洗净，放入蒸锅中；葱切段；姜切丝。

② 锅内加入鸡汤，放入精盐、味精、黄酒、葱段、姜片调味。

③ 用浸湿的纸将锅口封严，蒸2小时，揭开纸，去掉葱段、姜片，撒上胡椒粉，点缀香菜即可。

·营养贴士· 这道菜具有温中、益气、强腰健胃、扩张血管等作用。

铁观音炖鸡翅

主料 鸡翅5个

配料 铁观音20克，花生油、姜片、葱段、蒜末、盐、酱油各适量

·操作步骤·

① 锅里放水，待水开后，放入铁观音，煮成茶汤。

② 把鸡翅放入有茶汤的锅里，先用大火烧开，加入姜片与适量的盐，然后转小火炖至肉质酥烂，连汤带鸡翅一起盛出。

③ 炒锅里加花生油，放葱段、蒜末炒香，放少许酱油，加2勺炖鸡翅的茶汤，淋到鸡翅上即可。

·营养贴士· 鸡翅中含有胶原蛋白和弹性蛋白，可以起到保养血管、皮肤和内脏的作用。

野山椒鸡胗

主 料 鸡胗 350 克，盐水野山椒（泡椒）50 克

配 料 花椒 4 克，姜丝、葱丝各 5 克，料酒 10 克，盐、味精各 2 克

·操作步骤·

① 将鸡胗加葱丝、姜丝、花椒、料酒、盐蒸熟；盐水野山椒去蒂。

② 将熟鸡胗取出晾凉，切片；花椒放入热油锅内炸成花椒油待用。

③ 将鸡胗加野山椒、花椒油、味精、少许盐拌匀，装盘即可。

·营养贴士· 这道菜有消食、补血、除热、治泻痢、利便、除烦等作用。

·操作要领· 挑选鸡胗时，要选有弹性、有光泽、颜色为红色或紫红色的，这样的鸡胗最新鲜，吃起来口感最好。

泡椒凤爪

主 料 凤爪 8 个

配 料 泡椒 200 克，小米椒段 10 克，盐 15 克，花椒、白醋、泡椒水各适量

·操作步骤·

① 凤爪冲洗干净，沥干水分，剁去指甲。

② 锅中加适量水，放入花椒、小米椒段，煮开，放入凤爪，盖上盖子，煮 10 分钟左右，用筷子能轻松扎透即可。

③ 将凤爪捞出，用凉水冲洗掉表面的油脂，然后切块，放入碗中。

④ 把泡椒和泡椒水倒入碗中，加盐调味。

⑤ 放少量白醋，加水没过鸡爪，拌匀，盖上盖子，放阴凉处或冰箱冷藏一天即可食用。

·营养贴士· 凤爪可以软化皮肤和血管，降低人体中的血脂和胆固醇。

鸡爪炒猪耳条

主 料 鸡爪、熟猪耳各 200 克，红椒 1 个，胡萝卜 50 克

配 料 油、料酒各 20 克，姜片、蒜片各少许，精盐、白砂糖各 3 克，生抽 15 克，辣椒粉适量

·操作步骤·

① 将鸡爪剪去指甲，洗净，剁成小块；红椒洗净切丝；熟猪耳洗净切丝；胡萝卜洗净切长条。

② 锅内放油，放入蒜片、姜片爆香，放入鸡爪翻炒至变色，加入熟猪耳，倒点料酒、生抽、白砂糖、精盐、辣椒粉，翻炒至均匀上色，加入红椒丝、胡萝卜条炒至断生即可。

·营养贴士· 鸡爪中含有丰富的钙质和胶原蛋白，经常吃不但可以软化血管，而且可以起到美容的作用。

青笋鸡杂

主料 鸡肫、肝、心、肠各2副，青笋250克，水发木耳150克，红椒1个，泡辣椒8个

配料 老姜1块，蒜2瓣，植物油、淀粉、酱油、醋、盐、味精各适量

·操作步骤·

① 鸡杂切块；青笋切厚片；木耳撕成小朵；红椒、老姜、蒜均切片；泡辣椒切碎。

② 将盐、一半淀粉放入鸡杂中拌匀；另一半淀粉加酱油、醋、味精及水兑成芡汁。

③ 炒锅放植物油烧热，把鸡杂倒入锅中，过油至变色盛出。

④ 将锅洗净，倒入植物油，依次下姜片、蒜片、泡辣椒、青笋、红椒、木耳，加入适量盐，炒约2分钟再下鸡杂炒匀，用芡汁勾芡，翻炒均匀即可。

·营养贴士· 鸡杂有健胃消食、润肤养肌的作用。

·操作要领· 鸡杂要选择没有异味的、有弹性的，这样的才是新鲜优质的。

京葱炒烤鸭丝

主料 烤鸭肉200克，京葱100克

配料 油20克，精盐6克，味精3克，甜面酱、黄酒、水淀粉各适量

·操作步骤·

① 烤鸭肉切成丝；京葱洗净，葱白切成丝，均匀地摆在盘子中，葱叶切丝备用。

② 锅置火上，放入油烧热，加甜面酱、黄酒搅匀，放入烤鸭丝，加精盐、味精调好味，用水淀粉勾芡，翻炒均匀后倒入盘中，再放一点葱叶丝即可。

·营养贴士· 这道菜可以起到软化血管、养胃生津、清热健脾等功效。

香酒洋葱焖鸭

主料 鸭500克，洋葱100克

配料 啤酒500克，姜片20克，八角、陈皮各少许，盐、糖、鸡汤、米酒、蚝油、花生油各适量

·操作步骤·

① 将鸭洗净切块，用盐、糖、米酒拌匀备用；洋葱切丝备用。

② 锅至火上，下花生油，爆香姜片，放入鸭块大火翻炒至上色，加入洋葱继续翻炒片刻。

③ 下适量鸡汤和啤酒、八角、陈皮，中火焖30分钟，最后放入蚝油，以盐调味，煮开便成。

·营养贴士· 鸭肉中含有大量碳水化合物、不饱和脂肪酸和低碳饱和脂肪酸，有降低胆固醇、防治心脑血管疾病的作用。

干锅鸭头

主料 鸭头700克，青椒、红椒各1个，洋葱100克，香菇20克

配料 油、盐、干辣椒、八角、桂皮、葱、姜、草果、香叶、酱油、卤汤、花椒各适量

·操作步骤·

① 鸭头洗净泡1小时，焯水，用清水冲去浮沫；青椒、红椒洗净去蒂切丝；香菇洗净泡发，切块；洋葱洗净，去皮切丝。

② 将八角、桂皮、香叶、花椒、干辣椒、草果、葱、姜用纱布包成调料包，和鸭头一起放入锅中，加入水、酱油、卤汤，大火烧开，转小火焖30分钟，取出鸭头，晾干表面水分。

③ 另起锅，倒入油，下干辣椒和花椒炒香，放入洋葱丝、青椒丝、红椒丝和香菇丝，翻炒均匀，加入酱油、盐、卤汤及适量水烧开，放入卤制好的鸭头（先用刀劈成两半），翻炒均匀后倒入干锅中，继续加热即可食用。

·营养贴士· 这道菜有祛湿开胃、理气、补血的作用。

·操作要领· 在制作之前，最好先将鸭头在姜块、葱节、精盐中腌渍12小时，否则会有腥味。

三色蒸蛋

主料 松花蛋、鸡蛋各2个

配料 香油、海鲜酱油各适量

·操作步骤·

① 把鸡蛋的蛋清和蛋黄分别放在一个碗里搅散。

② 选深一点的容器，铺上锡纸，将松花蛋切小块，放在容器的最下面，倒入鸡蛋清，放到开水锅中，用小火蒸5分钟。

③ 再把蛋黄倒在蒸凝固的蛋清上面，再蒸5分钟出锅，晾凉切小块，蘸香油和海鲜酱油吃。

·营养贴士· 这道菜中含有丰富的蛋白质、脂肪、卵黄素以及铁、钙、钾等矿物质。

砂锅毛血旺

主料 鸭血500克，鳝鱼、熟肥肠各100克，火腿肠、毛肚各150克

配料 黄豆芽50克，葱末、姜片各10克，干红辣椒20克，豆瓣酱、油各20克，鸡精3克，白糖、精盐各5克，料酒10克，醋5克，骨头汤适量

·操作步骤·

① 将鸭血、熟肥肠、火腿肠切片；鳝鱼切长段；毛肚切丝。

② 锅中加油烧热，放入干红辣椒、豆瓣酱、姜片，煸炒至出香味时，倒入骨头汤备用。

③ 将处理好的鸭血、鳝鱼、毛肚用开水氽烫一遍，然后连同火腿肠、熟肥肠、黄豆芽一起放入制好的汤内，加入精盐、鸡精、白糖、料酒、醋调味，大火烧开，待原料熟透后装入砂锅中，撒上葱末。

④ 起锅热油入干红辣椒，浇入砂锅即可。

·营养贴士· 这道菜有补血、解毒、健脾、润肤、清热解湿等作用。

糟汁拌鸭舌

主料 鸭舌200克，红辣椒2个，黄瓜1根

配料 醪糟适量

准备所需主材料。

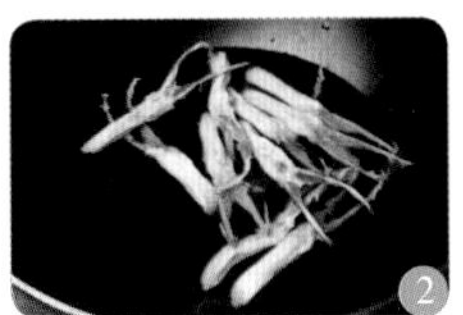

将鸭舌放入锅内煮熟。

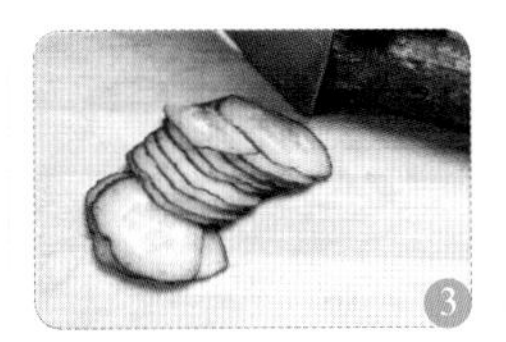

将黄瓜切片。

将辣椒切丝；将醪糟在碗内调制成糟汁。

将糟汁倒入杯内，将黄瓜片、辣椒丝、鸭舌放入杯内即可。

营养贴士：鸭舌中含有大量的蛋白质，可以起到强身健体的功效。

操作要领：清洗鸭舌的时候一定要将表面的硬质皮清洗干净。

红烧乳鸽

主 料 月龄肥嫩乳鸽数只，笋片少许

配 料 黄酒、花椒油、花生油、酱油、姜末、八角、白糖、葱段、姜片、花椒、盐、粉子各适量

·操作步骤·

① 乳鸽洗净，放入由酱油、姜末、八角等作料配制的料汤中，浸渍约20分钟，捞出控干切块。

② 锅置旺火上，倒入花生油，油热后炸鸽肉至外酥内嫩时捞出。

③ 锅中倒入花生油，放入白糖，熬成红色，加酱油稍烹，将鸽肉、笋片放入，放水，水量以没过鸽肉为宜，放入葱段、姜片、花椒、盐，15分钟左右出锅盛盘。

④ 原汤加粉子、黄酒、花椒油，熬成浆状倒在乳鸽上即可上桌。

·营养贴士· 乳鸽中含有大量泛酸，对预防和治疗脱发、白发有一定效果。

肉蟹蒸蛋

主 料 螃蟹1只，鸡蛋3个

配 料 蒸鱼豉油、植物油各适量，葱花少许

·操作步骤·

① 螃蟹洗干净后，切成块，在沸水中氽烫3秒钟捞出；鸡蛋打散备用。

② 氽烫螃蟹的水不要倒除，过滤，降温到40℃左右，不烫手待用。

③ 将蛋液与氽烫螃蟹的水按照1 ：2的比例搅匀，倒入排好螃蟹的深碗中，用保鲜膜密封，放入蒸笼中，蒸约12分钟至熟即可。

④ 取小碗倒入蒸鱼豉油和植物油，微波加热，倒入蛋中，撒上葱花即可。

·营养贴士· 这道菜有抗结核、抗衰老、防治动脉硬化等作用。

脆皮乳鸽

主 料 乳鸽1只

配 料 八角4粒，桂皮、生姜（拍松）各1块，蒜1瓣，黄酒25克，大曲酒50克，盐10克，味精5克，葱结、调好的麦芽糖水、植物油各适量

·操作步骤·

① 乳鸽宰杀去毛、去内脏、去脚，洗净，放入干净锅内，加入黄酒、大曲酒、盐、味精、水1000克、葱结、姜块、八角、桂皮，烧开后转用小火烧30分钟至出香味，煮10分钟左右至熟，取出。

② 将调好的麦芽糖水均匀淋在乳鸽全身，将乳鸽用铁钩挂起放在风口处吹干。

③ 锅烧热放入油，烧至八成热时，将乳鸽放在笊篱内，用铁勺舀油先淋入乳鸽肚内，然后持续舀油淋在乳鸽皮上至金黄色。

④ 切下乳鸽头、翅膀、鸽腿，鸽身切为数块，在盘中摆成乳鸽的形状，放蒜即可。

·营养贴士· 乳鸽的营养价值非常高，可以起到促进血液循环、延缓衰老等作用。

·操作要领· 这道菜最重要的就是脆，所以一定要将乳鸽炸透。

首乌蒸蛋

主料 鸡蛋100克，鸡肉90克，何首乌15克

配料 盐2克，姜3克，料酒10克，味精、葱花各少许

·操作步骤·

① 何首乌切丝装入纱布袋封口；鸡肉剁成肉泥；姜切成细末。

② 鸡蛋打碎放入碗内打匀。

③ 何首乌加清水500克，文火煮1小时，弃药留汁，与鸡肉、姜倒入蛋液中，加盐、料酒、味精搅匀，上笼蒸熟，撒上葱花即可。

·营养贴士· 这道菜可以降低胆固醇、抗病毒、促进肠胃蠕动，对防治心脑血管疾病也有一定的疗效。

青椒炒蛋

主料 鸡蛋、青椒各2个，红辣椒1个

配料 油20克，精盐5克，胡椒粉适量

·操作步骤·

① 青椒斜切成段；红辣椒切成圈。

② 热锅下油，油热后，下青椒炒至断生，加适量精盐调好味后起锅，装进大碗里备用。

③ 将鸡蛋打入盛青椒的碗里，撒少许胡椒粉、盐，搅拌均匀。

④ 净锅内放入少许底油，晃动锅，用油把整个锅底都润一下，倒入拌好的青椒蛋液，待蛋液基本凝固时，炒散，撒点红辣椒圈即可。

·营养贴士· 青椒中含有大量抗氧化物的维生素和微量元素，有增强人体免疫力的作用。

麻辣鸭肠

主 料 鸭肠 500 克，豆芽 150 克

配 料 葱、姜、蒜、香菜段各少许，酱油、湿淀粉、花椒、辣椒酱、料酒、醋、胡椒粉、盐、植物油各适量

·操作步骤·

① 将鸭肠洗净后用旺火、开水迅速烫透，捞出散开晾凉，再切成 5 厘米长的段；葱剖开切 2 厘米长的段；姜、蒜分别切片；豆芽去两端洗净，用热水焯一下，放在盘底。

② 用酱油、湿淀粉、料酒、醋、盐、胡椒粉兑成汁。

③ 锅烧热倒植物油，先把花椒炸出香味后捞出弃掉，再放入辣椒酱，然后下鸭肠、葱、姜、蒜翻炒，并将兑好的汁倒入，待汁开时，再翻炒几下，撒上香菜段，出锅盛到放有豆芽的盘中即可。

·营养贴士· 这道菜具有润肠、补肾、缩尿等作用。

·操作要领· 清洗鸭肠的时候要先将鸭肠剪开，然后用醋、盐将其搓洗干净。

青椒荷包蛋

主 料 鸡蛋3个，青椒1个

配 料 植物油、盐、鸡粉各适量

·操作步骤·

① 青椒洗净，去籽，切片。

② 把鸡蛋都煎成荷包蛋，并将煎好的荷包蛋切片。

③ 锅热后下植物油，将青椒片入锅翻炒2～3分钟，加入切好的荷包蛋片，继续翻炒2分钟，加入适量的盐和鸡粉，然后起锅即可。

·营养贴士· 这道菜中含有大量B族维生素、胡萝卜素，可以帮助消化、促进新陈代谢。

春笋炒鸡蛋

主 料 春笋250克，鸡蛋3个，胡萝卜30克

配 料 精盐、生抽、白糖、油各适量，葱花少许

·操作步骤·

① 春笋洗净，放入沸水中氽烫2分钟，切丁；胡萝卜洗净切丁；鸡蛋打散。

② 炒锅中倒油烧热，把鸡蛋倒入锅中，边倒边用筷子划成蛋絮，盛出。

③ 锅中置油烧热，放入春笋、胡萝卜翻炒几下，然后加入炒好的鸡蛋，加精盐、生抽和白糖拌炒均匀，最后撒上葱粒，即可上碟。

·营养贴士· 这道菜里含有多种维生素、胡萝卜素和蛋白质。

茭白炒蛋

主 料 鸡蛋 6 个，茭白 100 克

配 料 蚝油、酱油、料酒、糖、淀粉、鸡粉、植物油各适量

·操作步骤·

① 茭白切丝；鸡蛋打散。

② 锅内倒植物油，烧热，倒入蛋液摊成薄薄的蛋饼，盛出；锅内再倒入适量植物油，下茭白丝翻炒至微黄，加少许料酒，倒入蚝油，再加入糖调味盛出。

③ 把淀粉、水、鸡粉、糖和少许酱油调成水淀粉汁，倒入锅内加热至黏稠的薄芡汁，再将茭白和鸡蛋倒回锅内，均匀地包裹上芡汁即可。

·营养贴士· 这道菜有减肥、清热、利水、止渴等功效。

·操作要领· 挑选茭白的时候，如果发现顶端笋壳非常绿或者笋白部分是青绿色的，就说明茭白很老，口感就会很差。

双耳蒸蛋皮

主料 干木耳、银耳各 30 克，鸡蛋 2 个，猪肉馅 50 克

配料 食盐 5 克，葱末、姜末、蒜末各适量，玉米淀粉、胡椒粉、料酒、香油各少许

·操作步骤·

① 木耳、银耳泡发，洗净后撕成小朵，焯熟，晾凉。

② 鸡蛋打散，加入少许玉米淀粉，放入不粘锅中摊成两张蛋皮。

③ 肉馅、木耳、银耳放入碗中，加入剩余调料拌匀。

④ 拌好的馅均匀平铺在蛋皮上面，卷好后，放入蒸锅中，大火蒸 15 分钟，取出晾凉，切段摆盘即可。

·营养贴士· 这道菜中含有大量优质蛋白质、蛋氨酸、维生素 B_1 等，有和血养荣、润肺补脑、益气强志等作用。

苦瓜银鱼煎鸡蛋

主料 苦瓜 1 根，银鱼 50 克，鸡蛋 3 个

配料 盐 2 克，水淀粉 5 克，胡椒粉 1 克，姜末、植物油、葱花各适量

·操作步骤·

① 苦瓜去籽后切碎；银鱼用清水浸泡洗净切碎；鸡蛋搅打均匀。

② 把主料和配料（不含植物油）一起放到盆中，搅拌均匀成糊状。

③ 锅中放油烧热，把锅溜一遍，再次烧热，倒入搅拌均匀的糊状材料。

④ 一面煎黄，翻面煎另一面，直至熟透即可装盘。

·营养贴士· 这道菜有养心安神、养血安胎、延年益寿等功效。

双菇烧鹌鹑蛋

主 料 鹌鹑蛋10克，蘑菇、水发香菇、鲜菜心各100克，番茄1个

配 料 精盐、味精、淀粉、鸡汤、鸡油各适量

·操作步骤·

① 将鹌鹑蛋磕入调羹内，上笼蒸约3分钟；水发香菇、蘑菇分别切成片；番茄去皮，切成6瓣备用。

② 炒锅上旺火，加入鸡汤，放入香菇、蘑菇、鲜菜心，加精盐、味精烧沸，然后将鲜菜心、香菇、蘑菇拣入盘内，再将蒸熟的鹌鹑蛋放在鲜菜心上面待用。

③ 另起一锅，锅中放油，油热后放入番茄，用淀粉勾芡，淋入鸡油，浇在菜上即可。

·营养贴士· 鹌鹑蛋中含有大量的蛋白质、维生素B_1、铁等营养元素，而且比鸡蛋更易被人体吸收，有防治高血压、动脉硬化、皮肤过敏等功效。

·操作要领· 可以先将番茄放进开水中泡一会儿，然后就可以轻松去皮了。

鸽蛋烧蹄筋

主 料 牛蹄筋300克，火腿100克，熟鸽子蛋5颗

配 料 蒜片、姜丝各5克，料酒10克，植物油、鸡汤、淀粉、鸡油各适量

·操作步骤·

① 将发好的牛蹄筋切成长条，放入烧至六成热的油锅中过油后捞出；火腿切片。

② 锅内加植物油烧热，用蒜片、姜丝炝锅，烹料酒，添鸡汤烧开，捞出姜丝、蒜片，撇去浮沫，放入牛蹄筋烧制。

③ 待蹄筋软时，放入鸽子蛋和火腿，用淀粉勾芡，淋鸡油出锅装盘即可。

·营养贴士· 鸽子蛋营养价值非常高，不仅是女人滋阴补肾的最佳食品，还可以预防小儿麻痹症。

辣味香蛋

主 料 鸡蛋3个，笋100克，水发木耳、芹菜各50克，红辣椒2个

配 料 精盐3克，色拉油20克，绍酒10克，酱油5克，葱花5克，精盐5克，胡椒粉适量

·操作步骤·

① 将鸡蛋打在碗中，打散后加少许绍酒、精盐、胡椒粉调味；笋、水发木耳、红辣椒切细丝；芹菜切段。

② 锅烧热，放入少许色拉油转匀，放入鸡蛋液，摊熟铲出备用。

③ 锅内倒色拉油，放葱花爆香，放入笋丝、木耳丝、芹菜段、红辣椒丝，炒匀，加入摊好的鸡蛋，烹入少许酱油和精盐，盖上盖，小火焖半分钟即可。

·营养贴士· 黑木耳味道鲜美、营养丰富，对冠心病、心血管疾病有一定功效。

Chapter 5 爽口水产下饭菜

水煮鱼片

主料 草鱼1条，黄豆芽500克

配料 干辣椒、花椒、姜、蒜、食用油、食盐、味精、葱花各适量

·操作步骤·

①将草鱼剔除内脏和鱼鳞，片成片，加食盐、味精拌匀，搁置30分钟；黄豆芽洗净；姜切成大块；蒜拍散。

②将一盆加有数个干辣椒的清水烧开，加入黄豆芽，然后将鱼片一片片夹入沸水中，鱼片浮上水面后关火。

③将食用油入锅烧热，关火，油热时加入干辣椒、姜、蒜、花椒，做成辣椒油，在鱼片上撒上葱花，倒入辣椒油即可。

·营养贴士· 草鱼味甘、性温、无毒，有暖胃和中、祛风、缓解头痛等作用。

泡椒炒鱿鱼

主料 鱿鱼300克，木耳适量

配料 辣酱15克，葱1根，大蒜5瓣，泡椒少许，油、精盐、鸡精、花椒、料酒各适量

·操作步骤·

①鱿鱼洗净后斜切“十字交叉刀”，再切成小块备用；木耳撕片；大蒜切片；葱切段。

②锅内放油，烧热后放入泡椒，接着加入花椒、蒜片、辣酱、葱段，继续炒香；再加入料酒，炒数下后，加入鱿鱼，过一会儿加入木耳，待鱿鱼熟透加入精盐和鸡精，再翻炒几下，即可出锅。

·营养贴士· 这道菜有补血的作用，特别适合贫血以及闭经期的女性食用。

西湖醋鱼

主 料 活草鱼 1 条

配 料 白糖 60 克，醋、湿淀粉各 50 克，酱油 75 克，绍酒 25 克，姜丝 2.5 克，葱丝 5 克，胡椒粉适量

·操作步骤·

① 将鱼剖杀，去鳞、鳃与内脏，洗净，切下鱼肉最厚实的鱼身部分备用。

② 锅内放适量清水，放入鱼，加盖，待水沸时打开盖，撇去浮沫，转动炒锅，继续用旺火烧煮约 3 分钟至熟；将锅内留下 250 克左右水，放入酱油、绍酒、姜丝、胡椒粉，再煮一会儿将鱼捞出，将一侧切开，鱼皮朝上，在鱼肉厚地方划几刀，装入盘中。

③ 把锅内的汤汁，加入白糖、醋和湿淀粉调匀，用勺搅成浓汁，浇遍鱼身，撒上姜丝、葱丝即可。

·营养贴士· 这道菜有平肝熄风、和胃、温中、化痰止咳、解毒、补血等作用。

·操作要领· 切鱼的时候一定要顺着鱼骨切，切勿将鱼骨切断。

椒麻鱿鱼花

主料 鱿鱼 480 克

配料 糖、胡椒粉各 3 克，醋、生抽各 10 克，葱花、姜末各 5 克，精盐 5 克，麻油 3 克，花椒 10 克

·操作步骤·

① 鱿鱼洗净抹干，切十字花纹，再切成小块；将花椒捣成粉状，与糖、醋、麻油、生抽、葱花、姜末和少量开水混匀，制成椒麻汁备用。

② 将鱿鱼用大孔笊篱盛着，放滚水中，至鱿鱼花微卷，取出沥干，放入少量精盐和胡椒粉拌匀。

③ 将鱿鱼花盛入盘子中，均匀淋上椒麻汁即可。

·营养贴士· 鱿鱼中含有丰富的钙、磷、铁等矿物质，能够促进骨骼发育。

·操作要领· 生鱿鱼中含有一种多肽成分，会对人的肠胃功能造成破坏，所以一定要确保将鱿鱼烫熟。

白炒鱼片

主料 草鱼1条，黄瓜、水发木耳片、胡萝卜各15克

配料 葱花、姜末、蒜末、水淀粉、盐、料酒、酱油、白糖、香醋、色拉油各适量

·操作步骤·

① 草鱼洗净，取下净鱼肉，斜刀片成2毫米厚的薄片，放入碗中，加盐、水淀粉、料酒均匀上浆；胡萝卜洗净去皮切片；黄瓜洗净去皮去瓤切片；木耳洗净撕片。

② 炒锅上火，放入色拉油，投入鱼片滑炒至熟，沥油。

③ 锅内留底油，炒香葱花、姜末、蒜末，放入黄瓜片、木耳片和胡萝卜片，随后放鱼片和盐、香醋、白糖、料酒、酱油，炒匀后用水淀粉勾芡，淋明油即可。

·营养贴士· 这道菜有明目、美容养颜、抗衰老等作用。

·操作要领· 挑选草鱼要选择鳞片有光泽、密实，表面有黏液的，这样的鱼非常新鲜。

香酥鲫鱼

主 料 鲫鱼500克

配 料 姜汁15克，五香粉5克，料酒45克，生抽、醋各60克，白糖40克，植物油、葱末各适量

·操作步骤·

① 将鲫鱼收拾干净，用刀将鱼肉两侧平行切几刀，用料酒、姜汁、生抽拌匀，腌渍20分钟入味，取出沥干水分。

② 炒锅倒入植物油，旺火烧至七成热时，倒入鱼，炸至呈黄褐色，鱼骨酥脆，捞出沥油备用。

③ 原锅去油，放入醋、白糖，中火将糖烧化，放入适量葱末。

④ 倒入炸好的鱼，让鱼挂匀糖醋汁，浇上熟油盛入盘中，最后撒上五香粉即可。

·营养贴士· 鲫鱼有催乳、补肝、健脑益智、增强抗病能力等作用。

豉椒鲜鱿鱼

主 料 鲜鱿鱼300克，洋葱50克，青椒、红椒各1个

配 料 豆豉、精盐、味精、白糖、胡椒面、姜末、蒜末、葱段、酱油、料酒、香油、湿淀粉、花生油各适量

·操作步骤·

① 将鱿鱼洗干净，剞上花刀，切成块，用沸水一汆捞出；青椒、红椒、洋葱切片；碗中放入精盐、白糖、味精、胡椒面、香油、酱油、湿淀粉，调成汁。

② 锅入油，爆香葱段、姜末、蒜末后放入豆豉、鱿鱼进行翻炒，加入青椒、红椒和洋葱，烹入料酒，倒入调好的芡汁炒匀，加明油即成。

·营养贴士· 鱿鱼中含有丰富的蛋白质，有祛风除湿、利尿通淋等功效。

蒜子烧甲鱼

主 料 甲鱼1只，大蒜250克，香菇40克

配 料 植物油200克，绍酒30克，精盐5克，酱油5克，胡椒粉、水淀粉、鲜汤各适量

·操作步骤·

① 在活甲鱼颈部切一刀，沥净血，剁下头，片下甲鱼壳，剁下脚爪，去掉黄色脂肪，入沸水中略烫，刮净粗皮及黑膜，去内脏，剁成块，洗净，加精盐、绍酒拌匀，腌入味；大蒜剥皮备用；香菇切片。

② 炒锅置旺火上，下油烧至五成热，放甲鱼炸去表面水分，滗去锅中多余的油，烹入绍酒、酱油，加入鲜汤煮沸，加精盐、胡椒粉烧至甲鱼软熟，再加入蒜瓣、香菇，烧至甲鱼软糯汁稠，将甲鱼捞出盛盘。

③ 将锅中余汤用水淀粉勾芡，淋在甲鱼上即可。

·营养贴士· 甲鱼浑身都是宝，甲鱼肉有滋阴补肾、降血压以及预防胃癌、肝癌等效果。

·操作要领· 在剁下甲鱼头之前，不要用手碰其头，否则有被咬的危险。

宫保鱼丁

主 料 草鱼1条，炸花生米30克，鸡蛋1个

配 料 干辣椒段10克，精盐、味精、鸡粉、白糖、面包粉、淀粉、植物油各适量，香菜少许

·操作步骤·

① 将草鱼去鳞、鳃、内脏，洗净后去骨，将鱼肉切成丁，放入碗中加鸡蛋液、淀粉拌匀，再拍上面包粉备用。

② 坐锅点火，加植物油烧热，放入鱼丁略炸，捞出沥油待用。

③ 锅中留底油烧热，放入干辣椒段爆香，再放鱼丁，加精盐、白糖、味精、鸡粉烧至入味，然后加炸花生米翻炒均匀，点缀香菜即可装盘上桌。

·营养贴士· 草鱼中含有大量维生素B_1、维生素B_2、不饱和脂肪酸以及钙、锌、硒等矿物质。

·操作要领· 鱼丁要尽量多炸一会儿，将鱼肉里的水分都炸出来，口味更好。

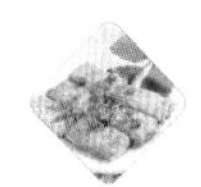

双椒炒鳝鱼

主　料 鳝鱼4条，青椒、红椒各1个

配　料 蒜、酱油、食用油、食盐、味精各适量

1 准备所需主材料。

2 将鳝鱼宰杀清洗后，切透笼花刀。

3 将蒜切片；青椒、红椒切丝。

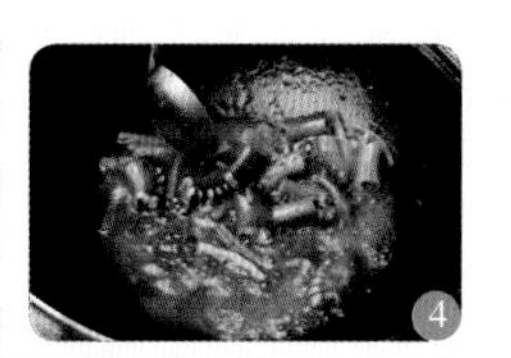

4 锅内放入食用油，待油热后放入蒜片爆香，然后放入鳝鱼、酱油翻炒至八成熟，放入青椒丝、红椒丝翻炒均匀，放入少量的水继续翻炒，至熟后放入食盐、味精调味即可。

营养贴士： 鳝鱼中含有“鳝鱼素”，可以起到调节血糖的作用，而且脂肪含量非常低，是糖尿病患者的理想食品。

操作要领： 炒鳝鱼的时候非常容易粘锅，可以事先往锅里倒些醋。

椿芽鳝鱼丝

主 料 鳝鱼400克，香椿100克

配 料 姜丝10克，胡椒粉、味精、湿淀粉（玉米）各5克，黄酒、酱油各8克，盐3克，香油10克，菜籽油、猪油（炼制）各15克，高汤200克，红椒圈适量

·操作步骤·

① 鳝鱼去骨，切粗丝；香椿去尾部老茎，切细末。

② 炒锅置旺火上，下菜籽油，烧六成热，泡沫散尽后，放进姜丝、红椒圈、鳝鱼丝、黄酒爆炒，出香味即加高汤，倒入猪油、胡椒粉、盐、酱油、黄酒，移至中火上慢烧。

③ 烧至汁浓油亮时，移锅旺火上，放香椿煸炒半分钟，放湿淀粉、香油、味精，起锅装碟即可。

·营养贴士· 香椿含有维生素E和性激素物质，有抗衰老、滋阴补阳等功效。

·操作要领· 好的香椿叶子呈红色，而且长得短壮肥嫩，没有老枝叶。

泡椒辣鱼丁

主料 草鱼肉 300 克

配料 泡椒末 50 克，姜末、蒜片、淀粉、植物油、香油、酱油、高汤、料酒、胡椒粉、盐、味精各适量

·操作步骤·

① 将鱼肉洗净切丁，然后加胡椒粉、盐、料酒、淀粉拌匀，腌渍 10 分钟。

② 锅中放植物油，至六成热时，放入鱼肉丁，炸成金黄色捞起。

③ 锅内留底油，放入泡椒末、姜末、蒜片炒香，倒入高汤烧开，然后将鱼肉丁倒入锅内，加入胡椒粉焖 5 分钟，最后加料酒、味精、酱油、香油翻炒片刻，盛盘即可。

·营养贴士· 这道菜有平降肝阳、祛风、明目、保护心血管等作用。

泡椒带鱼

主料 带鱼 300 克

配料 植物油、食盐、酱油、姜丝、料酒、白糖、泡红椒丝、葱花、泡椒水各适量

·操作步骤·

① 带鱼洗净切段，加入姜丝、料酒、食盐拌匀，腌渍 15 分钟左右。

② 平底锅中放油烧热，放入腌好的带鱼段，煎至两面金黄。

③ 加入泡红椒丝和泡椒水，再倒入 1 小碗清水和少许酱油，调少许白糖，大火烧开。

④ 转小火煮 10 分钟，大火收汁，撒上葱花即可。

·营养贴士· 带鱼中含有大量脂肪，但这些脂肪主要是不饱和脂肪酸，具有降低胆固醇的功效。

小炒鱼

主 料 草鱼 400 克

配 料 淀粉 75 克，盐 2 克，酱油 3 克，米酒 4 克，葱、姜各 5 克，红椒 5 克，味精 0.5 克，清汤 150 克，植物油、香油各适量

·操作步骤·

① 将鱼刮去鱼鳞，去腮和内脏，洗净，片出鱼肉，用盐、米酒、酱油腌 5 分钟；姜切片；葱切段；红椒洗净，去籽切碎；小碗内放入清汤、酱油、味精、淀粉和米酒调汁待用。

② 锅中放植物油，烧至六成热时，将鱼块裹上淀粉下锅，炸至外略酥内断生，捞出滤去油。

③ 锅中留底油，放入葱段、红椒、姜片炒出香味，放鱼块翻炒，加调好的汁，淋香油即可出锅。

·营养贴士· 这道菜有防治虚劳、高血压、头痛等作用。

·操作要领· 处理鱼的时候切记不要将鱼胆弄破，鱼胆破了后会使鱼吃起来有苦味。

花椒鳝段

主 料 鲜鳝鱼肉 500 克

配 料 葱段、姜片、干辣椒段各 5 克，葱末、姜末各 3 克，精盐 6 克，熟菜油 100 克，糖色 5 克，味精 2 克，绍酒 20 克，白糖 20 克，鸡汤 100 克，花椒适量

·操作步骤·

① 去掉鳝鱼的头、尾，把鱼身切成 5 厘米长的段，加姜片、葱段、精盐、绍酒腌渍 30 分钟，拣去葱段、姜片。

② 炒锅置旺火上，加入熟菜油烧至六成热，放入腌好的鳝鱼段，炸至金黄色时捞出。

③ 炒锅复置中火上，锅内留少许油，加干辣椒段、花椒炒出红油和香味，加入鳝鱼段、鸡汤、精盐、绍酒、白糖、糖色，用中火烧至成浓汁，加上味精、葱末、姜末，翻炒均匀，装盘即成。

·营养贴士· 鳝鱼中含有丰富的 DHA 和卵磷脂，有提高记忆力的作用。

·操作要领· 鳝鱼表面有一层黏液很难清洗，最好用流动水多洗几遍。

葱烧鳗鱼

主料 河鳗1条

配料 大葱2根，油、米酒、淀粉、酱油、糖、醋、葱花各适量

·操作步骤·

① 鳗鱼洗净，在温水中略烫一下，捞出，切除头、尾，剖开鱼肚，去大骨后对切两半，再切成小段，加米酒、淀粉、酱油腌一下；大葱洗净，切段备用。

② 锅中倒适量油烧热，放入鳗鱼，煎至两面金黄，盛起。

③ 锅中留余油，加热后放入葱段爆香，放入煎好的鳗鱼，加入米酒、酱油、糖、醋及适量水，大火烧开后，改小火烧至鳗鱼入味，再转大火烧至汤汁收干，撒上葱花即可。

·营养贴士· 鳗鱼有明目、护齿、护肝、祛湿、抗氧化、预防骨质疏松等作用。

冬菜蒸鳕鱼

主料 银鳕鱼250克，冬菜100克

配料 精盐、鸡粉、香油、淀粉各适量，胡椒粉、葱花各少许

·操作步骤·

① 将银鳕鱼去鳞，整理好，洗干净，切成2厘米厚的鱼片；冬菜洗净，剁碎后，加入鸡粉、淀粉、香油调拌均匀。

② 银鳕鱼片撒少许精盐、胡椒粉腌渍3分钟，再放上拌好的冬菜，上屉蒸8分钟左右至熟透，取出装盘，再撒上葱花即可。

·营养贴士· 鳕鱼有护肝、补血、抗癌、增强免疫力、润肠通便等作用。

翠竹粉蒸鱼

主料 母鲫鱼1条，翠竹筒1节，熟米粉100克

配料 白醋、绍酒各5克，五香粉10克，原汁酱油、甜面酱各15克，味精、精盐、胡椒粉、花椒粉各1克，葱花、姜末各5克，豆瓣酱25克，芝麻油、辣椒油各30克，白糖1.5克，熟猪油40克

·操作步骤·

① 取直径10厘米、长25厘米、两端竹节的翠竹筒1节，离竹筒两端约4厘米处横锯2条，再破成宽8厘米的口，破下的竹片做筒盖。

② 将鱼从腹部剖开，去内脏，洗净，沥干，切成长方形块，再用水清洗一次，沥干水放入大碗。

③ 加原汁酱油、豆瓣酱、胡椒粉、五香粉、甜面酱、花椒粉、精盐、白糖、白醋、绍酒、味精、芝麻油、辣椒油、葱花、姜末拌匀，然后加入米粉、熟猪油拌匀，腌5分钟，再将腌好的鱼放入竹筒，盖上筒盖，上笼蒸20分钟取出即可。

·营养贴士· 这道菜有养胃、防癌、养血、美容护肤等功效。

·操作要领· 在鱼的背部和腹部中间，有一条腥线，这是鱼腥味的来源，所以切鱼之前，最好将这条腥线抽去。

青瓜鱼肚

主料 鱼肚、青瓜、鲜贝、猪肉馅、草菇各适量

配料 香葱段、鸡精、鱼露、高汤、食用油各适量

·操作步骤·

① 将青瓜去皮去籽，切成菱形块，用开水焯一下，捞出沥干水分；草菇鲜贝处理好，洗净备用。

② 将发好的鱼肚切成块，用开水焯一下，捞出沥干水分。

③ 锅置火上，放入油，油热倒入香葱段、猪肉馅煸炒，加入高汤、青瓜、鱼肚、草菇、鲜贝、鱼露、鸡精，翻炒均匀即可。

·营养贴士· 鱼肚的营养价值非常高，含有丰富的蛋白质、脂肪等，可以用来缓解肿痛、腰酸背痛、肾结石等病症。

咸鱼蒸茄子

主料 咸鱼 200 克，茄子 300 克，红椒、青椒各半个

配料 植物油 200 克，味精 2 克，葱丝、蒜末各 5 克，姜片 10 克，辣椒油 8 克，料酒 15 克，精盐 3 克

·操作步骤·

① 将咸鱼浸泡，切成薄片；茄子洗净，切长条；青椒、红椒切丝。

② 植物油锅烧热，放入茄子条过油，迅速捞出。

③ 将茄子码放在盘中，上面放咸鱼片，调入味精、辣椒油、料酒、蒜末、姜片，放少许精盐，隔水蒸 10 分钟，出锅后拾出姜片，撒上葱丝和青椒丝、红椒丝即可。

·营养贴士· 这道菜有活血、清热、消肿等作用。

酸辣回锅三文鱼

主料 三文鱼200克，青椒、红椒各半个，杏鲍菇20克

配料 干红辣椒少许，葱1根，大蒜4瓣，花椒粉1克，咖喱粉、盐各3克，料酒15克，干淀粉15克，蒜蓉辣椒酱、番茄酱各30克，老抽5克，糖5克，植物油、水淀粉、豆豉辣酱各适量

·操作步骤·

① 三文鱼斜刀切成3厘米宽的片，放入大碗中，调入花椒粉、咖喱粉、料酒和干淀粉搅拌均匀，腌渍10分钟；干红辣椒、葱、大蒜分别切末；青椒、红椒切段；杏鲍菇切薄片。

② 平底锅中倒入植物油，待油温七成热时，放入鱼块，煎至两面金黄捞出。

③ 平底锅中再倒入一些植物油，放入干辣椒末、蒜末和葱末爆香后，放入杏鲍菇翻炒，待杏鲍菇有点变软的时候，放入蒜蓉辣椒酱、豆豉辣酱和番茄酱炒匀后，倒入开水，倒入煎好的三文鱼片，1分钟后再倒入青椒段、红椒段，调入老抽、盐、糖搅拌均匀后，淋入水淀粉盛盘即可。

·营养贴士· 三文鱼有“水中珍品”的美称，营养价值很高，可有效预防糖尿病等慢性疾病的发生。

·操作要领· 出锅前可以稍微放些香油提味。

麻辣虾

主 料 海白虾500克，青辣椒、红辣椒各5克

配 料 花椒5克，植物油30克，大蒜10瓣，姜、精盐、白糖、酱油各适量

·操作步骤·

① 虾洗净，沥干水分；青辣椒、红辣椒切段；大蒜、姜切片。

② 锅中放植物油烧热，将虾放入炸透取出。

③ 锅中放植物油，放入花椒、辣椒、姜、大蒜爆香，放入虾，再加入白糖、酱油、精盐，焖10分钟即可食用。

·营养贴士· 这道菜有安神、养血、下奶、降糖等作用。

茴香辣茄炒虾仁

主 料 草虾仁200克，韭菜段80克

配 料 干辣椒段10克，橄榄油20克，茴香辣茄腌酱（茴香粉、鱼露、椰糖、番茄丁、辣椒末调制而成）适量

·操作步骤·

① 草虾仁洗净沥干；将茴香辣茄腌酱的所有材料混合均匀，拌至椰糖溶化，备用。

② 草虾仁放入茴香辣茄腌酱中，腌约5分钟备用。

③ 热锅，倒入橄榄油，放入干辣椒段、韭菜段炒香，再放入腌过的虾仁炒至表面变红且熟即可。

·营养贴士· 这道菜有通乳汁、抗氧化、防治高血压、防治动脉硬化等作用。

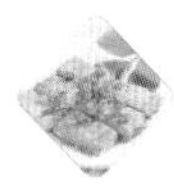

金沙基围虾

主料 基围虾 200 克

配料 蒜末 1 小碟，豆豉、干红辣椒段各 10 克，葱末、姜末、食用油、食盐、味精各适量

准备所需主材料。

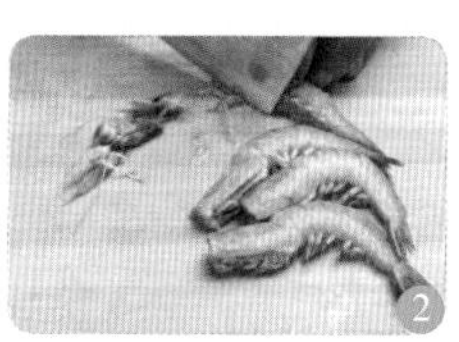

将基围虾切除虾眼部以上的部分。

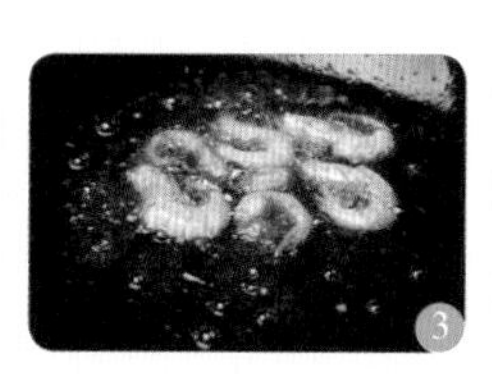

锅内放入食用油，油热后放入基围虾，炸熟后捞出控油。

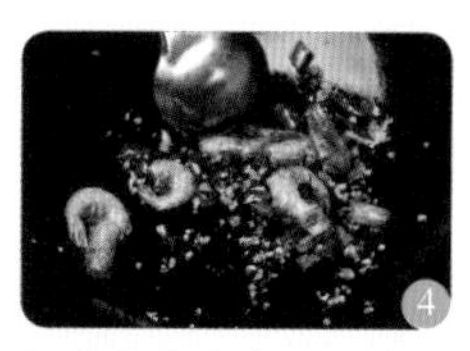

锅内留少许底油，放入豆豉、红辣椒段、蒜末、姜末、葱末翻炒出香味后，再放入基围虾翻炒均匀，最后放入食盐、味精调味即可。

营养贴士：这道菜有清热解毒、健脾开胃等功效。

操作要领：因为有油炸的过程，所以要多准备一些植物油。

香辣大虾

主料 海虾300克

配料 辣酱10克，生抽15克，糖、精盐各5克，料酒30克，干辣椒、植物油各适量，葱花、姜末、蒜片各少许

·操作步骤·

① 海虾清洗干净，由头部开一个小口取出沙包，再将虾背划开，抽出虾线，加入料酒腌渍片刻。

② 锅中倒入植物油，能没过虾为宜，约七成热时放入虾，炸透变红即可捞出。

③ 另起一锅，锅中倒入适量炸过虾的油，放入葱花、姜末、蒜片、干辣椒爆香，再加入辣酱炒匀，倒入炸过的虾，放入生抽、糖、精盐翻炒均匀出锅即可。

·营养贴士· 这道菜有安神助眠、增强抵抗力、防治动脉硬化等作用。

豆瓣脆虾仁

主料 虾仁300克，青豆100克，鸡蛋1个

配料 植物油50克，精盐、胡椒粉、料酒、豆瓣酱、番茄酱、姜末、蒜泥、高汤、白糖、醋、淀粉各适量

·操作步骤·

① 虾仁加入适量精盐、胡椒粉、料酒和蛋清拌匀，放入热油锅中炸至变色，捞出沥干。

② 另起油锅，油热后放入豆瓣酱、番茄酱、姜末和蒜泥，炒香后加入青豆、虾仁，放入高汤、料酒、白糖、精盐、胡椒粉和醋，大火煮沸，用淀粉勾芡，收汁即可。

·营养贴士· 虾仁中含有丰富的蛋白质和钾、镁、磷等矿物质，有护心脏、抗氧化、保护心血管等作用。

洞庭串烧虾

主料 活基围虾30只，大红椒10克

配料 粗盐500克，竹签30支，洋葱10克，味椒盐、味精、白糖各5克，海鲜汁、红油、香油各5克，大蒜瓣、姜各8克，植物油50克，高汤80克

·操作步骤·

① 基围虾去须，用竹签从尾部穿到头部；大红椒切段；洋葱切段；大蒜瓣剁成蓉；姜切碎。

② 锅上火，将植物油倒入锅中烧至八成热，将虾放入油锅中小火炸1分钟至酥，取出来，整齐地摆在锡纸上（每张锡纸放4~5只）。

③ 锅上火放红油，烧至六成热时放入蒜蓉、姜炒香，加洋葱、红椒小火翻炒，放味椒盐、高汤，依次将味精、白糖、海鲜汁放入，小火烧开成汁，浇淋在锡纸里的虾仁身上，再淋上香油，包紧锡纸装入小篮。

④ 锅上火烧热，将粗盐倒入锅中，小火翻炒10分钟直至水分干，盐温很高时出锅，放在锡纸上与虾一同上桌即可。

·营养贴士· 这道菜有排毒、补钙、消食、抗衰老等功效。

·操作要领· 这道菜里需要的粗盐非常多，主要是为了覆盖基围虾，以便入味。

剁椒蒸带子

主料 鲜活带子 6 只

配料 花生油 120 克，剁椒 50 克，蒜末 20 克，葱花 3 克，味精 5 克，胡椒粉 3 克，蚝油 3 克，姜末 1 克，湿淀粉 5 克

·操作步骤·

① 把带子洗净，一面打上十字花刀。

② 锅中放 50 克花生油烧至六成热，放蒜末炒香，倒入碗中，然后把剁椒、味精、胡椒粉、蚝油、姜末、湿淀粉放入碗中，一起调成芡汁待用。

③ 将带子肉淋上调好的芡汁，上笼用旺火蒸 5 分钟，出笼撒上葱花，淋上剩余的花生油即成。

·营养贴士· 新鲜的带子中含有多种维生素和蛋白质，营养价值比较高，具有养阴的作用。

香辣蟹

主料 鲜肉蟹 500 克，樱桃椒 20 克

配料 葱白、蒜各 10 克，姜 5 克，辣椒油 15 克，盐、料酒、生抽、花椒碎末、熟芝麻、芡粉、香菜各适量

·操作步骤·

① 肉蟹去脚和钳，掰开蟹壳，洗净腔内脏的地方，并将蟹钳拍破，全部放在盘里。

② 香菜洗净切段；姜洗净切末；葱白切段；蒜切碎。

③ 将香菜段、姜末与料酒、盐一起撒在肉蟹盘里，入蒸笼蒸 8 分钟左右关火。

④ 炒锅中倒入辣椒油，放花椒碎末，慢火炒香，加入樱桃椒，将蒸过的蟹及蒸出的汤水倒入锅中，加葱、蒜、生抽煸炒 4 分钟，用芡粉勾芡。

⑤ 装盘后，用筷子把螃蟹摆好形状，撒点熟芝麻即可。

·营养贴士· 螃蟹有消肿毒、散瘀消肿、清热解毒等功效。

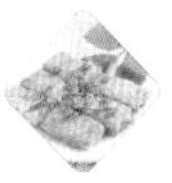

馋嘴牛蛙

主 料 牛蛙 500 克

配 料 盐 2 克，鸡精、淀粉、胡椒粉、麻辣鱼料、老抽、姜、蒜各少许，料酒、油、干辣椒圈、辣椒面各适量

·操作步骤·

① 牛蛙宰杀洗净，切成小块，放入少许盐、鸡精、料酒、胡椒粉、淀粉码味待用。

② 起锅上火，放入清水烧开，放入牛蛙焯水捞出；锅中入油，烧至三成热，放入牛蛙滑油至变色，捞出，沥油。

③ 净锅放入少许底油，放入姜、蒜炒香，放入少许辣椒面，加入清水烧开，放入少许鸡精、胡椒粉、麻辣鱼料、老抽，放入牛蛙略煮，然后全部倒入煲中。锅洗净，放入少量油，放入干辣椒圈煸炒出香味，倒在牛蛙上即可。

·营养贴士· 牛蛙有滋补解毒、滋阴壮阳等功效，尤其适合胃酸过多或体质虚弱的人食用。

·操作要领· 因为牛蛙是杂食动物，所以要先用清水养两天，使其吐脏。

炒黑鱼片

主料 黑鱼肉400克，丝瓜100克，鸡蛋2个

配料 猪油、绍酒、胡椒粉、精盐、味精、蒜片、水淀粉各适量

·操作步骤·

① 鸡蛋去黄取清，将鱼肉片成薄片，装碗内，用鸡蛋清和少许精盐、胡椒粉腌渍均匀，放入四成热猪油中滑散滑透，倒入漏勺；丝瓜去皮，切片。

② 在小碗里加入精盐、味精、胡椒粉、水淀粉调制成芡汁备用。

③ 炒锅烧热，加少许底油，用蒜片炝锅，放入丝瓜片煸炒，烹绍酒，入鱼片、兑好的芡汁，翻炒均匀，出锅装盘即可。

·营养贴士· 这道菜有养胃、明目、安神、排毒、镇定安神、清热去火等作用。

剁椒蒸鱼头

主料 鲢鱼头1个

配料 蒜、豆豉、料酒、特制剁椒、植物油各适量，盐2克，姜10克，葱8克

·操作步骤·

① 将鱼头洗净切成两半，头背相连；葱切碎；姜块切末；蒜切末。

② 将鱼头放在碗里，然后抹上油，在鱼头上撒上剁椒、姜末、盐、豆豉，倒入料酒。

③ 锅中加水烧沸后，将鱼头连碗一同放入锅中蒸熟（约10分钟），将蒜末和葱碎铺在鱼头上，再蒸1分钟即可。

·营养贴士· 鲢鱼头不仅含有鱼肉所含的蛋白质、脂肪、铁、钙等营养物质，还含有鱼肉中没有的卵磷脂，可以起到增强记忆力和思维能力的作用。

水煮带鱼

主 料 带鱼 400 克，芹菜 50 克

配 料 精盐、五香粉各 5 克，葱 1 根，姜末、蒜末各 5 克，味精、胡椒粉各 2 克，料酒、酱油、辣椒酱各 10 克，辣椒面 3 克，植物油 100 克，淀粉 10 克，干辣椒、花椒粒各适量

·操作步骤·

① 带鱼处理干净，切段，加辣椒面、五香粉、胡椒粉、精盐、味精、料酒腌渍入味，加淀粉拌匀；干辣椒切小段；芹菜切段；葱一部分切斜段，一部分切末。

② 锅内放植物油，油热后，放葱段、姜末、蒜末、花椒粒、干辣椒煸炒，炒出香味后放入带鱼段，转大火翻匀，加料酒、酱油、辣椒酱，再加适量水，同时放精盐和味精，锅开后，放入芹菜和少许葱末，5 分钟左右即可关火。

·营养贴士· 这道菜有补血、止血、解毒、补虚、防癌、增强免疫力等功效。

·操作要领· 这道菜里必须加入热水，否则会使带鱼有腥味。

鲜椒牛蛙

主 料 牛蛙500克

配 料 鲜花椒100克，灯笼泡椒、小米椒、葱末、姜末、蒜末、盐、料酒、鸡精、生粉、胡椒粉、高汤、茶油各适量

·操作步骤·

① 牛蛙洗净切块，加葱末、姜末、料酒、盐，腌渍20分钟，用生粉上浆；小米椒切碎。

② 锅中放茶油，烧至五成热时，放入牛蛙滑炒至七成熟时捞出。

③ 锅留底油，放葱末、姜末、蒜末、灯笼泡椒、鲜花椒炒出香味，倒入牛蛙，加料酒、高汤，用小火烧至牛蛙变熟。

④ 放小米椒、鸡精、胡椒粉翻炒片刻即可。

·营养贴士· 这道菜有止泻、杀虫、除湿止痛、温中散寒等功效。

剁椒蒸小鲍鱼

主 料 新鲜鲍鱼5个

配 料 大蒜1头，姜2片，葱1根，黄油15克，剁椒酱、花生油各适量

·操作步骤·

① 大蒜制成蒜泥；葱、姜分别切末。

② 黄油入锅，小火炒化，放入葱末、姜末炒香，再加入2大勺剁椒酱煸炒出香味，最后放入蒜泥拌匀即可关火，将炒好的酱料盛出待用。

③ 用刀挖出鲍鱼肉，去除内脏，清洗干净，再在表面划十字花刀，鲍鱼壳用小刷子刷净备用。

④ 将鲍鱼肉放入鲍壳中，上面再放1勺刚刚炒好的剁椒酱，开水入锅，蒸约5分钟即可关火，取出后在鲍鱼肉表面撒些葱末，淋上适量烧滚的花生油即可。

·营养贴士· 鲍鱼有调经、润燥、滋阴、提高免疫力等作用。

虾仁茭瓜

主料 虾仁 200 克，茭瓜 1 个，胡萝卜 50 克

配料 精盐、糖各 5 克，料酒 15 克，色拉油 20 克，鸡精 3 克

·操作步骤·

① 虾仁洗净，用少许精盐和料酒抓匀腌渍 5 分钟备用；茭瓜洗净去蒂，横竖分别切 2 刀，一分为 4，取其中一块用刀去掉中间的籽，将其切成小块；胡萝卜洗净，用花刀切成厚片。

② 锅烧开水关火，放入茭瓜块烫一下即可捞起备用。

③ 锅烧热倒入少许色拉油，烧至五成热，倒入腌渍好的虾仁翻炒至断生，把烫过的茭瓜和胡萝卜一起倒入锅内，翻炒至断生，再依次加入少许糖、精盐、鸡精炒匀，装盘即可。

·营养贴士· 茭瓜中含有一种干扰素的诱生剂，有提高免疫力、抗病毒、抗肿瘤等作用。

·操作要领· 因为茭瓜已经烫过了，所以略微翻炒就可以了，否则虾仁容易煳。

辣炒蛤蜊

主料 蛤蜊 1000 克

配料 蒜 6 瓣，干辣椒 1 个，葱、姜 5 克，白糖 8 克，白酒 10 克，酱油、鱼露各 15 克，植物油、盐、香菜各适量

·操作步骤·

① 蛤蜊用淡盐水浸泡，使其吐尽泥沙，然后用开水焯烫冲洗干净；葱、姜、蒜分别切碎；干辣椒、香菜分别洗净切段。

② 锅中倒油，烧热，放入葱碎、姜碎、蒜碎、干辣椒段爆香，倒入蛤蜊翻炒，淋入白酒炒香。

③ 依次加入酱油、鱼露、白糖和少许盐，翻炒均匀，装盘，点缀香菜段即可食用。

·营养贴士· 蛤蜊中含有一种被称为蛤素的物质，可以起到抑制肿瘤生长的作用。

·操作要领· 炒蛤蜊须少放盐。

炸熘海带

主 料 水发海带 200 克，青椒、红椒各若干

配 料 调料油 50 克，葱花、蒜片、姜末各少许，干面粉、水淀粉、绍酒、酱油、醋、白糖、洋葱、精盐、味精各适量

·操作步骤·

① 将海带洗净，切成片，裹一层干面粉；洋葱、青椒、红椒切片。

② 用干面粉加水淀粉调成稠糊；小碗内加入绍酒、酱油、醋、白糖、精盐、味精、水淀粉调成芡汁备用。

③ 油锅烧至六成热，将海带片挂糊，入油炸透，呈金黄色时倒入漏勺。

④ 锅中留少许底油，用葱花、姜末、蒜片炝锅，再放入洋葱片、青椒片、红椒片及炸好的海带，泼入芡汁，淋明油，翻炒均匀即可。

·营养贴士· 海带中含有丰富的纤维素，能够及时地清除肠道内的废物和毒素，可以有效地防止直肠癌和便秘的发生。

·操作要领· 最好用流动的水清洗海带，以便清除泥沙。

炝菜花海带结

主料 菜花 300 克，海带结 100 克

配料 盐、味精、花椒、干辣椒、调和油各适量

·操作步骤·

① 菜花掰成小朵，放到淡盐水中泡 10 分钟；海带结洗净。

② 锅中放油，放入花椒、干辣椒炸香，捞出不用。

③ 放入菜花和海带结煸炒，放入适量的盐，炒到断生，放入适量的味精即可。

·营养贴士· 海带含有大量的膳食纤维，可以增加饱腹感，是优良的减肥食物。

·操作要领· 要选择肉质较厚的海带结，口感更好。